Azdine Naït-Ali

Modélisation variationnelle par homogénéisation stochastique

Azdine Naït-Ali

Modélisation variationnelle par homogénéisation stochastique

Pour les matériaux aléatoirement renforcés

Presses Académiques Francophones

Impressum / Mentions légales
Bibliografische Information der Deutschen Nationalbibliothek: Die Deutsche Nationalbibliothek verzeichnet diese Publikation in der Deutschen Nationalbibliografie; detaillierte bibliografische Daten sind im Internet über http://dnb.d-nb.de abrufbar.

Information bibliographique publiée par la Deutsche Nationalbibliothek: La Deutsche Nationalbibliothek inscrit cette publication à la Deutsche Nationalbibliografie; des données bibliographiques détaillées sont disponibles sur internet à l'adresse http://dnb.d-nb.de.

Coverbild / Photo de couverture: www.ingimage.com

Verlag / Editeur:
Presses Académiques Francophones
ist ein Imprint der / est une marque déposée de
OmniScriptum GmbH & Co. KG
Heinrich-Böcking-Str. 6-8, 66121 Saarbrücken, Deutschland / Allemagne
Email: info@presses-academiques.com

Herstellung: siehe letzte Seite /
Impression: voir la dernière page
ISBN: 978-3-8416-2461-1

"Le hasard est purement logique."

...

Johan Cruyff.

REMERCIEMENTS

JE souhaiterais tout d'abord exprimer mes plus profonds remerciements à mes deux encadrants (mes Maîtres Jédi) que sont G. Michaille (alias Maître Yoda) ainsi que S. Pagano (Maître Obi-Wan Kenobi) qui ont su me guider scientifiquement et humainement tout au long de la thèse, en me protégeant ainsi des tentations du côté obscur.

Je remercie également Pierre Alart d'avoir accepté de présider mon jury de thèse, mes rapporteurs Julien Michel et Frédéric Lebon pour leur investissement et leurs remarques pertinantes. Et l'ensemble du jury pour avoir pris le temps de lire et juger ma thèse. Plus particulièrement Michel Bellieud pour son aide apportée dans nos travaux.

Bon il faut certainement que je remercie également par politesse mes collègues de bureau, à savoir Nawfal (alias Nono) et Alex (alias dark-man) qui m'ont appris à travailler dans l'obscurité et le silence. Je me dois de ne pas oublier de remercier mes collègues du LMGC : Franck, André, Laurent, Loïc (pour m'avoir initié à la Cast3Mologie), François, Patrick , Remy, Fred, etc.... et l'ensemble des doctorants, en particulier Vincent, Li, Paul, Adrien, Ricardo, etc...

Et bien sûr, MES CHÉRIES, ma fille et ma future femme, la première pour être venue dans nos vies pour nous combler de bonheur et surtout m'avoir laissé dormir pour être d'attaque au travail. Et la seconde pour son soutien, son aide et sa patience.

J'ai également une pensée pour ma famille, et sans oublier mes amis qui sont toujours présents en toutes circonstances.

Et je conclurai en remerciant une nouvelle fois l'être aimé Auré qui m'a soutenu (et supporté) durant toutes mes années d'études et qui, à ce titre, mérite également le grade de Docteur.

TABLE DES MATIÈRES

INTRODUCTION.

Notre but est de proposer un modèle mathématique d'un matériau composite aléatoirement renforcé de type TexSol^{TM} [15, 23, 24]. Pour cela nous effectuons une étude asymptotique variationnelle afin d'obtenir une structure homogène et déterministe rendant compte du comportement mécanique de ce matériau. Nous souhaitons entre autre retrouver le formalisme non-local développé par Frémond (voir [15]). Cet effet non-local est dû à la présence d'un fil synthétique fin renforçant un matériau mou et statistiquement présent dans toute la structure.

Plus précisément, le TexSol^{TM}, breveté par le Laboratoire Central des Ponts et Chaussées en 1980, est constitué d'un réseau de fil sythétique très dense et totalement aléatoire "emprisonné " dans du sable, conférant ainsi à la structure des propriétés mécaniques intéressantes. Dans notre cas, nous favorisons une direction pour l'orientation du réseau de fil et le matériau étudié dans cette thèse n'est pas exactement le TexSol^{TM} mais une structure que nous qualifierons de "type TexSol^{TM}". Nous soulignons le fait que l'étude proposée dans cette thèse n'est qu'une première approche, très simplifiée, de la modélisation du matériaux TexSol^{TM} par un procédé d'homogénéisation.

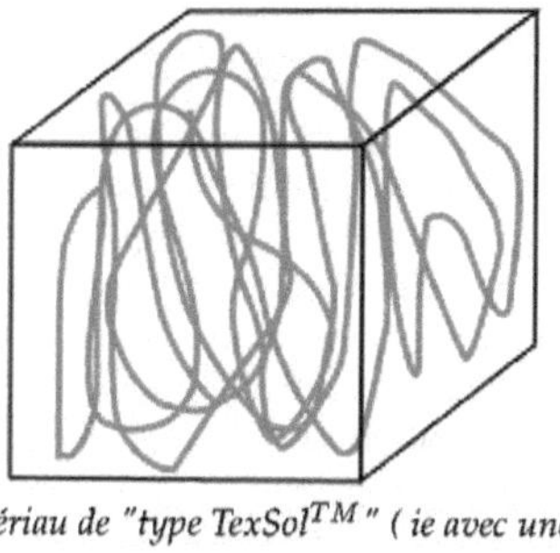

FIGURE 1 – *Schema d'un matériau de "type TexSol^{TM}" (ie avec une direction favorisée).*

Pour les modèlisations étudiées, nous sommes amené à utiliser trois classes d'outils mathématiques précisés dans le Chapitre 1. Dans un premier temps, nous introduisons quelques rappels sur une notion de convergence sur les fonctionnelles énergies, qualifiée de variationnelle, car préservant à la limite les formulations en terme de minimisation énergétique. Pour le traitement probabiliste relatif à la présence du fil de forte rigidité, nous précisons la notion de processus ergodique sous-additifs ainsi que les convergences associés, de type Loi des Grands Nombres où plus généralement de type Birkhoff. Enfin, nous rappelons quelques outils d'analyse convexe, comme ceux de la continuité pour certaines convergences variationnelles de la transformée de Legendre-Fenchel ou de l'opérateur sous-différentiel.

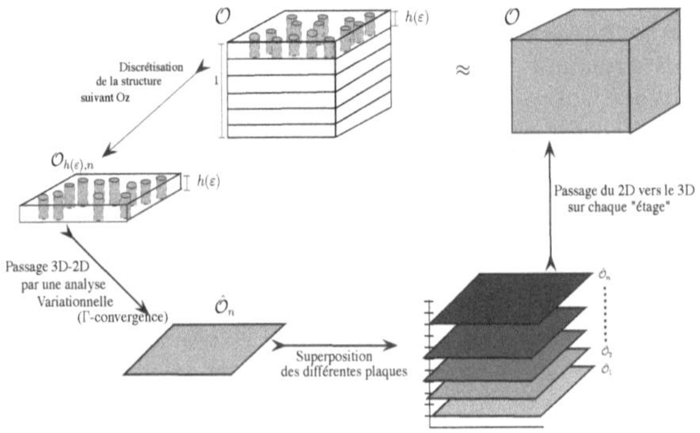

FIGURE 2 – *Stratégie de modélisation variationnelle.*

Notre stratégie de modélisation du Texsol consiste à faire un découpage suivant x_3 de notre structure $\mathcal{O}$ en fines plaques d'épaisseur $h(\varepsilon)$ dépendant d'un petit paramètre $\varepsilon << 1$ ($h(\varepsilon) = \varepsilon^p$). Pour $h(\varepsilon)$ assez petit, nous acceptons de considérer les fibres verticales dans chaque plaque, c'est dans ce sens que nous privilégions une direction dans l'orientation du réseau de fil, i.e., la direction x_3. Notre problème initial est alors décomposé en $n := \frac{1}{h(\varepsilon)}$ modèles de type plaque dont au préalable on souhaite pour chacun donner une formulation 2-dimensionnelle.

C'est pourquoi, dans le chapitre 2, préparatoire au Chapitre 3 dans lequel nous mettons en oeuvre notre stratégie, nous proposons un modèle déterministe 2D d'un matériau mince renforcé par des fibres aléatoirement distribuées. Dans ce chapitre, la rigidité des fibres dépend également de ce petit paramètre ε. La configuration de référence du matériau s'écrit alors $\mathcal{O}_{h(\varepsilon)} = \hat{\mathcal{O}} \times (0, h(\varepsilon))$, $\hat{\mathcal{O}} \subset \mathbb{R}^2$ où $h(\varepsilon)$ tend vers 0 avec ε. Ce matériau est renforcé par des fibres aléatoirement distribuées $T_\varepsilon(\omega) = \varepsilon D(\omega) \times (0, h(\varepsilon))$. Nous supposons que les fibres sont verticalement disposées et considérées parfaitement collées à la matrice hyper-élastique qui représente le sable.

Dans le Chapitre 3, en appliquant ce résultat à chacune des plaques, on obtient ainsi une énergie discrète (suivant x_3), somme de n énergies 2-dimensionnelles homogènes et déterministes. Nous reconstruisons une structure 3D par une "intégration variationnelle" en x_3, i.e en passant à la limite en n de manière variationnelle. L'énergie limite, homogène et déterministe ainsi obtenue est proposée comme modèle.

Malheureusement, par les hypothèses trop restrictives sur les ordres de grandeurs des différents petits paramètres dépendant de ε, le modèle déterministe simplifié obtenu dans les Chapitres 2 et 3 ne sont pas non-locaux, contrairement à ce que l'on s'attend. Dans le Chapitre 4, dans le but de retrouver une formulation homogénéisée déterministe et non-locale, nous reprenons l'étude asymptotique du Chapitre 2 sous des hypothèses moins restrictives mais dans le cas où l'épaisseur h du matériau ne dépend plus de ε. Nous proposons deux énergies déterministes et non locales bornant le modèle limite escompté et qui, dans le cas périodique, coïncident avec l'énergie trouvée par M. Bellieud, M. Bellieud & G. Bouchitté et Licht & Michaille.

Le Chapitre 5 consiste en une étude numérique destinée à évaluer la pertinence de nos modèles dans différents situations. La principale difficulté, est de créer un maillage respectant l'ensemble des hypothèses géométriques aléatoires précisées dans les différents chapitres. Cette étude numérique est faite uniquement dans le cas scalaire avec les densités d'énergie $f = g = \frac{1}{2}|.|^2$. Pour chaque cas, nous estimons numériquement les erreurs relatives

$$\frac{\|\bar{u}_\varepsilon - u_{lim}\|_2}{\|\bar{u}_\varepsilon\|_2},$$

où $\bar{u}_\varepsilon$ et u_{lim} sont respectivement solutions des problèmes initiaux et limites des probèmes étudiés. Plus précisément, en ce qui concerne la validité du modèle proposé dans le Chapitre 3, l'énergie interne du problème initial s'écrit

$$E_\varepsilon(\omega, u) := \int_{\mathcal{O}\setminus T_{\varepsilon,n}(\omega)} f(\nabla u)dx + \frac{1}{\varepsilon^a}\int_{\mathcal{O}\cap T_{\varepsilon,n}(\omega)} g(\nabla u)dx,$$

avec $T_{\varepsilon,n}(\omega) := \bigcup_{k=0}^{n}\Big(D_{\varepsilon,k}(\omega) \times (\frac{k}{n}, \frac{k+1}{n})\Big)$ où $D_{\varepsilon,k}(\omega)$ est la réunion des section de fibres de la $k^{\text{ième}}$ plaque, et le coefficient $a > 0$ associé à la rigidité des fibres.

OUTILS MATHÉMATIQUES 1

Résumé :

Le sujet général de cette thèse est l'étude asymptotique de l'énergie élastique d'un matériau aléatoirement renforcé par des fibres minces de forte rigidité. Pour décrire le comportement macroscopique de ce matériau, nous utiliserons essentiellement trois types d'outils mathématiques :

- l'analyse variationnelle liée à la Γ-convergence ;

- l'analyse stochastique liée aux processus ergodiques ;

- l'analyse convexe.

Dans ce chapitre d'introduction nous rappelons et précisons la notion de Γ-convergence et ses propriétés variationnelles d'une part, et la notion de processus ergodiques sous-additifs et leurs convergences dans leurs diverses versions d'autre part. Dans une dernière section, nous rappelons quelques résultats d'analyse convexe comme ceux de la continuité de la transformée de Legendre-Fenchel ou de l'opérateur sous-différentiel relatifà la convergence au sens de Mosco.

1.1 Γ-CONVERGENCE

Soit X un espace topologique. La Γ-convergence est une notion de convergence pour des suites de fonctionnelles $(F_n)_{n\in\mathbb{N}}$, $F_n : X \to \mathbb{R}\bigcup\{+\infty\}$, introduite par De Giorgi et Franzoni dans les années 70 [14] de façon a être la convergence la plus faible vérifiant les deux propriétés suivantes (sous certaines hypothèses d'inf-compacité et de compacité) :

$$F_n \to F \quad \Longrightarrow \inf_X F_n \to \min_X F, \tag{1.1}$$
$$F_n \to F,\ u_n \in \text{argmin}_X F_n \text{ et } u_n \to u \Longrightarrow u \in \text{argmin}_X F \tag{1.2}$$

où pour toute fonction $G : X \to \mathbb{R}\bigcup\{+\infty\}$,

$$\text{argmin}_X G := \{v \in X\ :\ G(v) = \inf_X G(u)\}.$$

Autrement-dit, les fonctions minima et les minimiseurs sont continues pour la Γ-convergence des variables fonctionnelles. Le choix d'une topologie sur X en adéquation avec (1.2) est déterminé par la compacité des suites de minimiseurs. Il est en effet nécessaire que ces suites soient relativement compactes pour la topologie choisie (cf Théorème 1.1.1).

Il existe deux définitions de la Γ-Convergence, la première est une définition en terme de voisinages, et la seconde en terme séquentiel. Ces deux définitions sont équivalentes lorsque X est un espace topologique métrisable et plus généralement si l'espace topologique X est à base dénombrable de voisinages.

Définition 1.1.1 (Γ-convergence (voisinage)). *Soit (X,τ) un espace topologique et considérons une suite $(F_n)_{n\in\mathbb{N}} : X \to \mathbb{R}\bigcup\{+\infty\}$ et une fonction $F : X \to \mathbb{R}\bigcup\{+\infty\}$. On dit que $(F_n)_{n\in\mathbb{N}}$ Γ-Converge vers F en $u \in X$ si et seulement si*

$$\Gamma - \liminf_n F_n(u) = \Gamma - \limsup_n F_n(u) = F(u). \tag{1.3}$$

Avec :

$$(\Gamma - \liminf_n F_n)(u) := \sup_{U\in\mathcal{V}(u)} \liminf_n (\inf_{y\in U} F_n(y)), \tag{1.4}$$
$$(\Gamma - \limsup_n F_n)(u) := \sup_{U\in\mathcal{V}(u)} \limsup_n (\inf_{y\in U} F_n(y)) \tag{1.5}$$

où $\mathcal{V}(u)$ désigne la famille de tous les ouverts de X pour la topologie τ contenant u. Dans le cas où X est un espace métrique,, 1.4) et (1.5) se traduisent immédiatement par

$$(\Gamma - \liminf_n F_n)(u) := \sup_{m\in\mathbb{N}^*} \liminf_n (\inf_{y\in B(x,\frac{1}{m})} F_n(y)), \tag{1.6}$$
$$(\Gamma - \limsup_n F_n)(u) := \sup_{m\in\mathbb{N}^*} \limsup_n (\inf_{y\in B(x,\frac{1}{m})} F_n(y)). \tag{1.7}$$

Si l'égalité (1.3) est vérifiée pour tout u de X, alors $(F_n)_{n\in\mathbb{N})}$ Γ-converge vers F.

La proposition qui suit donne une version "pénalisée" des expressions (1.6) et (1.7) dans le cas où (X,d) est un espace métrique. Nous allons introduire pour cela la notion de transformée (ou régularisée) de Baire d'une fonctionnelle $G : X \longrightarrow \mathbb{R}\bigcup\{+\infty\}$. Soit $k \in \mathbb{N}^*$, on définit la transformée de Baire de G par :

$$G^k(x) := \inf_{y \in X}\{g(y) + kd(x,y)\}.$$

On rappelle ci-dessous les propriétés de G^k. On suppose qu'il existe $\alpha > 0$ et $x_0 \in X$ tels que pour tout $u \in X$, $G(u) \geq -\alpha\big(1 + d(u,x_0)\big)$. Alors G^k vérifie les propriétés suivantes :

i) G^k est k-Lipschitzienne ;

ii) $G \geq G^k$ et $(G^k)_{k>0}$ est croissante ;

iii) si G est semi-continue inférieurement alors $\lim_{k\to+\infty} G^k = G$.

La démonstration de ces propriétés ainsi qu'une autre utilisation que celle ci-dessous seront données dans le Chapitre 3.

Proposition 1.1.1. *Soit (X,d) un espace métrique et une suite $(F_n)_{n\in\mathbb{N}} : X \to \mathbb{R}\bigcup\{+\infty\}$ vérifiant : il existe $\alpha > 0$ et $x_0 \in X$ tels que*

$$F_n(u) \geq -\alpha\big(1 + d(u,x_0)\big).$$

Alors

$$\Gamma - \liminf_{n\to+\infty} F_n(u) = \sup_{k\in\mathbb{N}^*} \liminf_{n\to+\infty} F_n^k(u)$$
$$\Gamma - \limsup_{n\to+\infty} F_n(u) = \sup_{k\in\mathbb{N}^*} \limsup_{n\to+\infty} F_n^k.$$

Pour une démonstration, nous renvoyons aux livres de H. Attouch, G. Dal Maso et A. Braides. Nous passons maintenant à la définition de la Γ-convergence séquentielle

Définition 1.1.2 (Γ-convergence (séquentielle)). *Soit X un espace topologique et considérons une suite $(F_n)_{n\in\mathbb{N}} : X \to \mathbb{R}\bigcup\{+\infty\}$ et une fonction $F : X \to \mathbb{R}\bigcup\{+\infty\}$. On dit que la suite $(F_n)_{n\in\mathbb{N}}$ Γ-converge séquentiellement vers F en $u \in X$ si les deux assertions suivantes sont vérifiées*

$$\forall u_n \to u \text{ dans } X \Longrightarrow F(u) \leqslant \liminf_{n\to+\infty} F_n(u_n), \tag{1.8}$$

$$\exists (v_n)_{n\in\mathbb{N}} \to u \in X \text{ tel que } F(u) \geqslant \limsup_{n\to+\infty} F_n(v_n). \tag{1.9}$$

Lorsque les propriétés (1.8) et (1.9) sont vérifiées pour tout u, on dit alors que $(F_n)_{n\in\mathbb{N}}$ Γ-converge séquentiellement vers F.

On remarquera que cette convergence n'est pas comparable à la convergence simple, l'assertion (1.8) étant plus forte que la convergence simple alors que l'assertion (1.9) est plus faible.

Remarque 1.1.1. *Dans le cas où X est un espace vectoriel normé, lorsque dans (1.8) on substitue la convergence faible $u_n \rightharpoonup u$ à la convergence forte, la convergence variationnelle ainsi définie est appelée Mosco-convergence. Evidemment lorsque X est de dimension finie, Γ-convergence et Mosco-convergence coïncident.*

Dans toute la suite, sauf mention contraire, X désignera un espace topologique à base dénombrable de voisinages. Dans ce cas il est facile de montrer que la Γ convergence et la Γ convergence séquentielle coïncident. La proposition suivante est une conséquence directe de la Définition 1.1.2

Proposition 1.1.2. *Soit X un espace topologique et $(F_n)_{n\in\mathbb{N}} X \to \mathbb{R}\bigcup\{+\infty\}$. On définit les deux fonctionnelles $\Gamma - \limsup\limits_{n\to+\infty} F_n$ et $\Gamma - \liminf_{n\to+\infty} F_n)$ pour tout $u \in X$ par :*

$$\Gamma\text{ - }\limsup_{n\to+\infty} F_n(u) := \min_{u_n\in X}\{\limsup_{n\to+\infty} F_n(u_n) : u_n \to u\},$$

$$\Gamma\text{ - }\liminf_{n\to+\infty} F_n(u) := \min_{u_n\in X}\{\liminf_{n\to+\infty} F_n(u_n) : u_n \to u\}.$$

Les deux fonctionnelles ainsi définies sont semi-continues inférieurement et la suite $(F_n)_{n\in\mathbb{N})}$ Γ-converge vers la fonctionnelle $F : X \to \mathbb{R}\bigcup\{+\infty\}$ ssi

$$\Gamma\text{ - }\limsup_{n\to+\infty} F_n \leqslant F \leqslant \Gamma\text{ - }\liminf_{n\to+\infty} F_n.$$

Définition 1.1.3 (Suite minimisante). *Soit $(F_n)_{n\in\mathbb{N}}$ définie comme ci-dessus et $(u_n)_{n\in\mathbb{N}} \subset X$. On dit que $(u_n)_{n\in\mathbb{N}}$ est une suite minimisante associée à $(F_n)_{n\in\mathbb{N}}$ si et seulement si $\lim\limits_{n\to+\infty}\Big(F_n(u_n) - \inf F_n\Big) = 0$.*

Théorème 1.1.1 (Théorème fondamental de la Γ-convergence). *Soit X un espace topologique et $(F_n)_{n\in\mathbb{N}}$, $F : X \to \mathbb{R}\bigcup\{+\infty\}$, telles que $F_n \xrightarrow{\Gamma} F$.*

(i) Si $(u_n)_{n\in\mathbb{N}}$ est une suite minimisante associée à $(F_n)_{n\in\mathbb{N}}$ relativement compacte de X, alors toute valeur d'adhérence $\overline{u}$ de $(u_n)_{n\in\mathbb{N}}$ minimise F et :

$$\lim_{n\to+\infty} \inf_X \{F_n(u)\} = F(\overline{u})$$

(ii) Si $G : X \to \mathbb{R}$ est continue, alors $(F_n + G)_{n\in\mathbb{N}}$ Γ-Convergence vers F + G

L'assertion (ii) est une conséquence directe de la définition de la Γ-convergence, et l'assertion (i) montre que cette convergence est bien "variationnelle".

Dans notre étude, nous serons amenés à utiliser une notion de convergence variationnelle pour les opérateurs sous-différentiels. Avant cela nous avons besoin de définir la convergence d'ensembles au sens de Kuratowski.

Définition 1.1.4 (Convergence d'ensembles au sens de Kuratowski). *Soit* (X, d) *un espace métrique et considérons la suite d'ensembles* $(C_n)_{n\in\mathbb{N}} \subset X$. *On dit que* C_n *converge au sens de Kuratowski vers un ensemble* $C \subset X$, *et on note* $C_n \xrightarrow{K} C$, *si*

$$\limsup_{n\to+\infty} C_n \subset C \subset \liminf_{n\to+\infty} C_n,$$

où

$$\liminf_{n\to+\infty} C_n = \overline{\bigcup_{n\in\mathbb{N}} (\bigcap_{p\geq n} \overline{C_p})}$$
$$\limsup_{n\to+\infty} C_n = \bigcap_{n\in\mathbb{N}} (\overline{\bigcup_{p\geq n} \overline{C_p})}$$

Définition 1.1.5 (Convergence en Graphe des opérateurs). *Considérons une suite d'opérateurs* $A_n : X \rightrightarrows Y$. *On dit que* A_n *converge en graphe vers un opérateur* $A : X \rightrightarrows Y$, *et on note* $A_n \overset{Graph}{\to} A$, *si* $graph(A_n) \xrightarrow{K} graph(A)$. *Où pour tout opérateur* $B : X \rightrightarrows Y$

$$graph(B) := \{(x, y) \in X \times Y \; ; \; y \in B(x)\}.$$

1.2 THÉORIE ERGODIQUE

Dans notre travail, on considère un milieu homogène, renforcé par des fibres aléatoirement réparties et supposées toutes verticales. Nous sommes donc amenés à faire une étude probabiliste sur la répartition aléatoire des section de fibres dans $\mathbb{R}^2$. Les centres des sections des fibres sont répartis suivant un processus ponctuel de type Poisson auquel on adjoindra des hypothèses supplémentaires précisées dans le chapitre suivant. Ces hypothèses sont des conditions de stationnarité, d'invariance par translation de la loi du processus ainsi qu'une condition d'indépendance ou plus généralement d'ergodicité traduisant l'homogénéité statistique de la présence des fibres. Nous précisons ici les outils qui permettent d'élaborer un cadre mathématique à notre étude.

La théorie ergodique des systèmes dynamiques à réellement vue le jour dans les années 1930 essentiellement grâce à G. D. Birkhoff et J. Von Neumann dans la continuité des travaux de H.Pointcaré (1890). À l'origine, l' hypothèse d'ergodicité nous dit que lorsqu'on a un système de particules en mouvement, presque toutes les trajectoires sont réparties de façon "homogène" dans l'espace où elles sont définies. Pour nous, ces trajectoires seront caractérisées par $(\tau_z(\omega))_{z\in\mathbf{Z}^2}$ où τ_z est l'opérateur de translation $\tau_z(\omega) = \omega + z$ dans un sous ensemble Ω bien choisi de $\mathbb{R}^2$ décrivant les centres des sections des fibres. La théorie ergodique consiste en l'étude des systèmes dynamiques abstraits du point de vue de la théorie de la mesure. Dans notre cas, les théorèmes et définitions qui suivent seront énoncés dans le cadre d'un espace probabilisé $(\Omega, \mathcal{A}, \mathbf{P})$, mais ces définitions et résultats restent valables dans un espace mesuré quelconque $(X, \mathcal{A}, \mu)$.

1.2.1 Systèmes dynamiques abstraits

Dans ce qui suit, les propriétés seront énoncées dans un cadre général, avec $N \in \mathbb{N}^*$ et $\mathbb{K} = \mathbb{R}$ ou $\mathbf{Z}$.

Définition 1.2.1 (Système dynamique abstrait). *On appelle système dynamique abstrait (s.d.a) tout quadruplet $(\Omega, \mathcal{A}, \mathbf{P}, (\tau_z)_{z \in \mathbb{K}^N})$, où $(\Omega, \mathcal{A}, \mathbf{P})$ est un espace probabilisé et $(\tau_z)_{z \in \mathbf{Z}^N}$ est un groupe d'opérateurs sur Ω préservant la mesure $\mathbf{P}$, i.e., vérifiant $\tau_z \# \mathbf{P} = \mathbf{P}$ pour tout $z \in \mathbb{K}^N$.*

Dans les chapitres qui vont suivre, $(\Omega, \mathcal{A}, \mathbf{P})$ désigne un espace probabilisé où Ω est un sous-ensemble de points de $\mathbb{R}^2$ et $(\tau_z)_{z \in \mathbf{Z}^2}$ est la famille des opérateurs de translation sur Ω définis par $\tau_z(\omega) = \omega + z$ pour tout $\omega \in \Omega$.

Définition 1.2.2. *Soit $(\Omega, \mathcal{A}, \mathbf{P}, (\tau_z)_{z \in K^N})$ un système dynamique abstrait. On appelle ensemble des invariants de la tribu $\mathcal{A}$ l'ensemble $\mathcal{F}$ défini par :*

$$\mathcal{F} := \{E \in \mathcal{A}, \quad \forall z \in \mathbb{K}^N, \quad \tau_z E = E\}$$

Remarque 1.2.1. *Il est facile de vérifier que $\mathcal{F}$ est une σ-algèbre.*

Définition 1.2.3. *Un système dynamique abstrait est dit ergodique si tout ensemble mesurable invariant par l'opérateur τ_z pour tout $z \in \mathbb{K}^N$, est de mesure 0 ou 1 pour la mesure de probabilité $\mathbf{P}$, i.e., $\forall E \in \mathcal{F} \subset \mathcal{A}, \quad \mathbf{P}(E) \in \{0, 1\}$.*

Un système $(\Omega, \mathcal{A}, \mathbf{P}, (\tau_z)_{z \in \mathbb{K}^N})$ est fortement mélangeant ("strongly mixing") lorsque pour $z \in \mathbb{K}^N$ assez grand et pour tout évènement E et F de Ω, les évènements $\tau_z E$ et F deviennent indépendants.

Définition 1.2.4 (Fortement mélangeant). *Le système dynamique abstrait $(\Omega, \mathcal{A}, \mathbf{P}, (\tau_z)_{z \in \mathbb{K}^N})$ est fortement mélangeant si*

$$\forall E, F \in \mathcal{F}, \quad \lim_{|z| \to +\infty} \mathbf{P}(\tau_z E \cap F) = \mathbf{P}(E).\mathbf{P}(F)$$

Exemple 1.2.1. $\mathbb{K} = \mathbf{Z}$

Soit Ω un ouvert borné de $\mathbb{R}^2$, avec $|\Omega| = 1$ et $\mathbf{P} = \mathcal{L}$ la mesure de Lebesgue. On note $(\tau_z)_{z \in \mathbf{Z}}$ l'opérateur tel que $\tau_i(\omega)$ soit la position de la particule ω à l'instant $i \in \mathbf{Z}$ et tel que

$$\forall i, j \in \mathbf{Z}, \; \tau_i(\tau_j(\omega)) = \tau_{i+j}(\omega).$$

On se donne A et X deux Boréliens bornés inclus dans Ω et on cherche la proportion de particules de A qui se diffusent dans X.

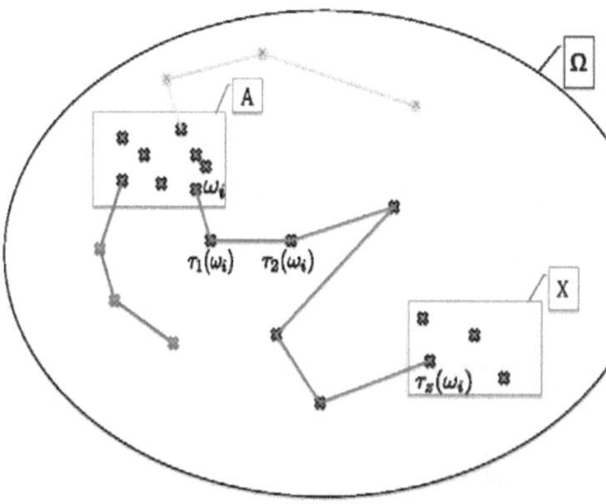

FIGURE 1.1 – *Fortement mélangeant*

Dans cet exemple là, la propriété fortement mélangeant signifie :

$$\frac{\mathcal{L}(\tau_z A \cap X)}{\mathcal{L}(\tau_z A)} \to \mathcal{L}(X) \text{ quand } z \to +\infty$$

La figure 1.1, illustre le fait que la proportion de particules de A diffusées dans X par l'opérateur τ_z tend vers la proportion de particule de X quand $z \to +\infty$.

Proposition 1.2.1. *Si le système dynamique $(\Omega, \mathcal{A}, \mathbf{P}, (\tau_z)_{z\in\mathbb{K}^N})$ est fortement mélangeant alors il est ergodique.*

Démonstration. La démonstration de cette proposition est triviale, il suffit de prendre $E = F \in \mathcal{F}$ on a alors, $\mathbf{P}(\tau_z E \cap E) = \mathbf{P}(E)^2 = \mathbf{P}(E)$, d'où $\mathbf{P}(E) = 1$ ou $\mathbf{P}(E) = 0$ □

Le théorème ergodique de Birkhoff affirme l'existence presque sûre de la limite quand $N \to +\infty$ de la moyenne $\frac{1}{N}\int_0^N f(\tau_z\omega)dz$, où f est une fonction $\mathbf{P}$-mesurable de Ω. Dans ce cas, l'ergodicité parmet de prouver le caractère déterministe de cette limite. Plus précisément

1.2.2 Théorème ergodique de Birkhoff

Théorème 1.2.1 (Théorème de Birkhoff (1931)). *Soit $\mathbb{K} = \mathbb{R}$, et le système dynamique abstrait $(\Omega, \mathcal{A}, \mathbf{P}, (\tau_z)_{z\in\mathbb{R}})$. Si $f \in L^1_{\mathbf{P}}(\Omega)$ alors :*

$$\lim_{N\to\infty} \frac{1}{N}\int_0^N f(\tau_z\omega)dz = \mathbf{E}_f^{\mathcal{F}} \ \ \omega\text{-presque sûrement}$$

où $\mathbf{E}_f^{\mathcal{F}}$ est l'espérance conditionnelle de f suivant la tribu $\mathcal{F}$, c'est-à-dire, l'unique application $\mathcal{F}$-mesurable de Ω vers $\mathbb{R}$ vérifiant :

$$\forall E \in \mathcal{F} \quad \int_E \mathbf{E}_f^{\mathcal{F}}(\omega)d\mathbf{P}(\omega) = \int_E f(\omega)d\mathbf{P}(\omega)$$

Dans le cas où $(\Omega, \mathcal{A}, \mathbf{P}, (\tau_z)_{z\in\mathbb{R}})$ est ergodique, $\mathbf{E}_f^{\mathcal{F}}$ est égale à l'espérance mathématique $\mathbf{E}(f)$ de f.

1.2.3 Processus additifs

Le résultat suivant généralise le Théorème 1.2.1 aux limites presque sûres des moyennes $\frac{\mathcal{S}_{A_n}}{|A_n|}$ lorsque la fonction $\mathcal{S}$ est une fonction additive ou sous-additive d'ensembles Boréliens bornés de $\mathbb{R}^N$. Nous noterons $\mathbb{B}_b(\mathbb{R}^N)$ l'ensemble des boréliens bornés de $\mathbb{R}^N$. Posons $\rho(A) := \sup\{r \geq 0 \ : \ \exists \overline{B}_r(x) \subset A\}$ où $\overline{B}_r(x) := \{y \in \mathbb{R}^N \ : dist(x,y) \leq r\}$.
Une famille d'ensembles $(B_n)_{n\in\mathbb{N}} \subset \mathbb{B}_b(\mathbb{R}^N)$ est dite régulière s'il existe une suite croissante de pavés I_n de sommets dans $\mathbf{Z}^N$ et une constante positive C indépendante de n telle que $B_n \subset I_n$ et $|I_n| \leq C\,|B_n|$ pour tout n.

Théorème 1.2.2 (Théorème additif (Nguyen-Zessin 1979 [29])). *Soit $(\Omega, \mathcal{A}, \mathbf{P}, (\tau_z)_{z\in\mathbf{Z}^N})$ un système dynamique abstrait, on considère une fonction :*

$$\begin{aligned} \mathcal{S} : \mathbb{B}_b(\mathbb{R}^N) &\to L^1_{\mathbf{P}}(\Omega) \\ A &\mapsto \mathcal{S}_A \end{aligned}$$

vérifiant les trois axiomes suivants :

$$i)\text{Si } A\cap B = \emptyset \ \text{ alors } \mathcal{S}_{A\cup B} = \mathcal{S}_A + \mathcal{S}_B, \tag{1.10}$$
$$ii)\forall A \in \mathbb{B}_b(\mathbb{R}^N),\ \forall z \in \mathbf{Z}^N \quad \mathcal{S}_{A+z} = \mathcal{S}_A \circ \tau_z \tag{1.11}$$
$$iii)\exists a \in L^1_{\mathbf{P}}(\Omega) \ \text{ tel que } |\mathcal{S}_A| \leq a \quad \forall A \subset [0,1[^d,\ A \in \mathbb{B}_b(\mathbb{R}^N). \tag{1.12}$$

alors, pour toute suite $(A_n)_{N\in\mathbb{N}}$ régulière d'ensembles bornés et convexes vérifiant $\lim_{n\to+\infty}\rho(A_n) = +\infty$, on a ω- presque sûrement

$$\lim_{n\to\infty} \frac{\mathcal{S}_{A_n}(\omega)}{|A_n|} = \begin{cases} \mathbf{E}(\mathcal{S}_{[0,1[^N}) & \text{si le s.d.a est ergodique,} \\ \mathbf{E}^{\mathcal{F}}(\mathcal{S}_{[0,1[^N}) & \text{sinon.} \end{cases}$$

Remarque 1.2.2. *L'axiome (1.10) est la propriété définissant l'additivité de $\mathcal{S}$ dans l'ensemble des Boréliens $\mathbb{B}_b(\mathbb{R}^N)$, et par analogie directe la sous-additivité et la sur-additivité de $\mathcal{S}$ sont caractérisées de la même façon en remplaçant respectivement " $=$ " par " $\leq$ " et " $\geq$ ". L'axiome (1.11) correspond à une propriété dite de covariance et l'axiome (1.12) est une propriété de domination sur tous les ensembles Boréliens A inclus dans $[0,1[^d$.*

On utilisera par la suite la conséquence suivante de ce théorème.

Proposition 1.2.2. *Soit $(\Omega, \mathcal{A}, (\tau_z)_{z\in\mathbf{Z}^N}, P)$ un système dynamique ergodique et ψ : $\Omega\times\mathbb{R}^m \longrightarrow \mathbb{R}^N$ une fonction $\mathcal{A}\otimes\mathcal{B}(\mathbb{R}^m)-\mathcal{B}(\mathbb{R}^N)$ mesurable vérifiant les trois conditions suivantes :*

i) Pour P-presque tout $\omega \in \Omega$, $y \mapsto \psi(\omega, y)$ appartient à $L^r_{loc}(\mathbb{R}^m, \mathbb{R}^N)$, $1 \leq r \leq +\infty$;

ii) Pour tout Borélien A de $\mathbb{R}^m$ l'application $A \mapsto \int_A \psi(\omega, y)dy$ appartient à $L^1_P(\Omega)$;

iii) Pour tout $z \in \mathbf{Z}^m$, pour tout $y \in \mathbb{R}^m$, $\psi(\omega, y+z) = \psi(\tau_z\omega, y)$ pour P-presque $\omega \in \Omega$.

Alors pour tout ouvert borné $\mathcal{O}$ de $\mathbb{R}^m$:

$$\psi(\omega, \frac{\cdot}{\varepsilon}) \rightharpoonup \mathbf{E}\int_{(0,1)^N} \psi(., y)\, dy$$

pour la topologie $\sigma(L^r(\mathcal{O}, \mathbb{R}^N), L^{r'}(\mathcal{O}, \mathbb{R}^m))$ où r' désigne le conjugué de r.

Démonstration. Voir Théorème 4.2 et Proposition 5.3 dans [10]. □

1.2.4 Processus sous-additifs

Pour les études asymptotiques réalisées dans cette thèse, on utilisera une fonction sous additive $\mathcal{S}$ construite à partir d'une énergie convenablement localisée. On cherche à déterminer la limite presque sûre de la moyenne $\frac{\mathcal{S}_{A_n}}{|A_n|}$ lorsque $n \to +\infty$. Pour cela on utilise un théorème ergodique pour les fonctions sous-additives d'ensembles tiré des travaux de Krengel et Ackoglu-Krengel (1981). Pour une estimation de la convergence des processus sous-additifs voir [16, 17, 28].

Théorème 1.2.3 (Théorème sous-additif : convergence presque sûre (Krengel)). *Considérons un système dynamique abstrait $(\Omega, \mathcal{A}, \mathbf{P}, (\tau_z)_{z\in\mathbf{Z}^N})$, et une fonction sous additive associée $\mathcal{S} : \mathbb{B}_b(\mathbb{R}^N) \to L^1(\Omega, (\tau_z)_{z\in\mathbf{Z}^N}, \mathbf{P})$ vérifiant les axiomes (1.10), (1.11) et (1.12) comme décrit dans la Remarque 1.2.2. On suppose de plus que*

$$\inf\{\int_\Omega \frac{\mathcal{S}_I}{|I|}d\mathbf{P} : I = [a,b[, \quad (a,b) \in \mathbf{Z}^d \times \mathbf{Z}^N\} > -\infty.$$

On a alors presque sûrement la propriété suivante : soit $(A_n)_{n\in\mathbb{N}}$ une suite de Boréliens convexes bornés vérifiant $\lim_{n\to+\infty} \rho(A_n) = +\infty$, alors

$$\lim_{n\to+\infty} \frac{\mathcal{S}_{A_n}(\omega)}{|A_n|} = \inf_{m\in\mathbb{N}^*} \mathbf{E}^{\mathcal{F}} \frac{\mathcal{S}_{[0,m[^N}}{m^N}(\omega).$$

De plus si le système dynamique est ergodique :

$$\begin{aligned}\lim_{n\to+\infty} \frac{\mathcal{S}_{A_n}(\omega)}{|A_n|} &= \inf_{m\in\mathbb{N}^*} \int_\Omega \frac{\mathcal{S}_{[0,m[^N}}{m^N} d\mathbf{P} \\ &= \inf\{\int_\Omega \frac{\mathcal{S}_I}{|I|} d\mathbf{P} : I = [a,b[, \quad (a,b) \in \mathbf{Z}^N \times \mathbf{Z}^N\}.\end{aligned}$$

En l'absence de l'hypothèse de domination (1.12) on a le résultat plus faible suivant :

Théorème 1.2.4. *Soit $\mathcal{I}$ l'ensemble des intervalles semi-ouverts $[a,b)$ engendrés par $(0,1)^N$ et $\mathcal{S} : \mathcal{I} \longrightarrow L^1(\Omega, \mathcal{A}, \mathbf{P})$ vérifiant les hypothèses*

(i) pour tout $I \in \mathcal{I}$ tel qu'il existe une famille finie $(I_j)_{j\in J}$ d'intervalles disjoints de $\mathcal{I}$ avec $I = \bigcup_{j\in J} I_j$, on a

$$\mathcal{S}_I(\cdot) \leq \sum_{j\in J} \mathcal{S}_{I_j}(\cdot),$$

(ii) $\forall I \in \mathcal{I}$, $\forall z \in \mathbf{Z}^N$, $\mathcal{S}_I \circ \tau_z = \mathcal{S}_{z+I}$,

(iii) $\inf\left\{\int_\Omega \frac{\mathcal{S}_I(\omega)}{|I|} \mathbf{P}(d\omega) I \in \mathcal{I},\ |I| \neq 0\right\} > -\infty$

Soit d'autre part $(I_n)_{n\in\mathbb{N}}$ une famille régulière de $\mathcal{I}$ c'est à dire vérifiant : il existe une famille $(I'_n)_{n\in\mathbb{N}}$ de $\mathcal{I}$ telle que

(i) $I_n \subset I'_n$ for all $n \in \mathbb{N}$;

(ii) (I'_n) est croissante ;

(iii) il existe une constante $C > 0$ telle que $0 < |I'_n| \leq C|I_n|$ pour tout $n \in \mathbb{N}$,

(iv) $\mathbb{R}^N_+ = \bigcup I'_n$.

Alors presque sûrement

$$\begin{aligned}\lim_{n\to\infty} \frac{\mathcal{S}_{I_n}}{|I_n|} &= \lim_{n\to\infty} \frac{\mathcal{S}_{[0,n[^N}}{n^N} \\ &= \inf_{n\in\mathbb{N}^*} \left\{\mathbf{E}\frac{\mathcal{S}_{[0,n[^N}}{n^N}\right\} \\ &= \lim_{n\to\infty} \mathbf{E}\frac{\mathcal{S}_{[0,n[^N}}{n^N}.\end{aligned}$$

1.2.5 Processus sous-additifs paramétrés

Le théorème suivant dû à Licht & Michaille est une version variationnelle du Théorème 1.2.3 lorsque $\mathcal{S}$ est super-additif (on peut aisément l'adapter au Théorème 1.2.4). Par la suite, nous utiliserons ce résultat de Γ-convergence pour le super-additif $-\mathcal{S}$, le processus $\mathcal{S}$ étant sous-additif. Comme ce théorème n'est pas classique, nous en donnons une démonstration.

Dans l'espace Probabilisé $(\Omega, \mathcal{A}, \mathbf{P})$, on se donne une fonction :

$$\mathcal{S} : \mathbb{B}_b(\mathbb{R}^N) \times X \to L^1_{\mathbf{P}}(\Omega), \ (A, x) \mapsto \mathcal{S}_A(., \omega)$$

où (X, d) est un espace métrique séparable et où l'on suppose que la σ-algèbre $\mathcal{A}$ est $\mathbf{P}$- complète.

Théorème 1.2.5 (Convergence variationnelle presque sûre). *Considérons la fonction $\mathcal{S} : (A, x) \mapsto \mathcal{S}_A(., \omega)$ définie précédemment et vérifiant les hypothèses suivantes :*

i) Pour tout $x \in X$, $A \mapsto \mathcal{S}_A(x, .)$ est super-additif ;
ii) $\forall A \in \mathcal{B}_b(\mathbb{R}^N)$, $(x, \omega) \mapsto \mathcal{S}_A(x, \omega)$ est mesurable ;
iii) $\forall A \in \mathcal{B}_b(\mathbb{R}^N)$, $\forall \omega \in \Omega$, $x \mapsto \mathcal{S}_A(x, \omega)$ est semi-continue inférieurement ;
iv) $\exists \alpha > 0$, $\exists x_0 \in X$, tel que $\forall A \in \mathbb{B}_b(\mathbb{R}^N), \forall x \in X$
$\mathcal{S}_A(\omega, x) \geq -\alpha\big(1 + d(x, x_0)\big)$.

Si de plus $-\mathcal{S}$ vérifie les hypothèses du Théorème 1.2.4, alors, on a ω-presque sûrement le résultat de Γ-convergence suivant

$$\begin{aligned}\Gamma - \lim_{n\to+\infty} \frac{\mathcal{S}_{A_n}(., \omega)}{|A_n|} &= \inf_{m\in\mathbb{N}^*}\{\int_\Omega \frac{\mathcal{S}_{[0,m[^N}}{m^N}(., \omega) d\mathbf{P}(\omega)\} \\ &= \inf\{\int_\Omega \frac{\mathcal{S}_I(, \omega)}{|I|} d\mathbf{P}(\omega) : I = [a, b[, \quad (a, b) \in \mathbf{Z}^d \times \mathbf{Z}^N\}.\end{aligned}$$

Démonstration. La fonction $x \mapsto \alpha\big(1 + d(x, x_0)\big)$ étant une perturbation continue de $x \mapsto \frac{S_{A_n}}{|A_n|}(x, \omega)$, il suffit de montrer le résultat pour le processus $A \mapsto \mathcal{S}_A(\omega, .) + \alpha\big(1 + d(x, x_0)\big)\,|A|$ qui reste super-additif. Pour faciliter les notations, on le notera encore $\mathcal{S}_A$.

Première étape.

On veut montrer qu'il existe $\Omega' \in \mathcal{A}$, $\mathbf{P}(\Omega') = 1$ tel que pour tout $\omega \in \Omega'$

$$\Gamma - \liminf_{n\to+\infty} \frac{S_{A_n}}{|A_n|}(., \omega \geq \sup_{m\in\mathbb{N}^*}\{\int_\Omega \frac{S_{[0,m[^N}}{m^N}(., \omega) d\mathbf{P}(\omega)\}$$

L'idée fondamentale est de constater la super-additivité du processus $A \mapsto (\mathcal{S}_A(., x))^k := \inf_{y\in X}\{\mathcal{S}_A(., y) + k.\delta(x, y)\,|A|\}$ obtenu à partir de l'approximation de Baire. De plus on remarque que $A \mapsto -(\mathcal{S}_A(., x))^k$ vérifie les hypothèses du Théorème 1.2.4.

Soit $D \subset X$ un sous ensemble dense dénombrable de X, il existe donc $\Omega' \in \mathcal{A}$ avec $\mathbf{P}(\Omega') = 1$ tel que pour tout $\omega \in \Omega'$ et pour tout $x \in D$

$$\begin{aligned}\lim_{n\to+\infty} \Big(\frac{S_{A_n}}{|A_n|}(., \omega)\Big)^k(x) &= \sup_{m\in\mathbb{N}^*}\{\int_\Omega \Big(\frac{S_{[0,m[^N}}{m^N}(., \omega)\Big)^k(x) d\mathbf{P}(\omega)\} \\ &\geq \int_\Omega \Big(\frac{S_{[0,n[^N}}{n^d}(., \omega)\Big)^k(x) d\mathbf{P}(\omega) \quad \forall n \in \mathbb{N}^*.\end{aligned}$$

L'approximation de Baire étant équi-lipchitzienne (en fait k-Lipschitziennne), l'inégalité précédente est satisfaite quelque soit le couple $(\omega, x) \in \Omega \times X$ choisi. En passant à la limite en k, grâce à la Proposition 1.1.1, aux propriétés de la transformé de Baire et au théorème de convergence monotone, on obtient

$$\Gamma - \liminf_{n \to +\infty} \frac{S_{A_n}}{|A_n|}(., \omega) \geq \{ \int_\Omega \frac{S_{[0,m[^N}}{m^N}(., \omega) d\mathbf{P}(\omega) \}$$

pour tout $m \in \mathbb{N}^*$, et donc

$$\Gamma - \liminf_{n \to +\infty} \frac{S_{A_n}}{|A_n|}(., \omega) \geq \sup_{m \in \mathbb{N}^*} \{ \int_\Omega \frac{S_{[0,m[^N}}{m^N}(., \omega) d\mathbf{P}(\omega) \}.$$

Deuxième étape.

Il s'agit de trouver $\Omega" \in \mathcal{A}$ avec $\mathbf{P}(\Omega") = 1$ tel que pour tout $\omega \in \Omega"'$

$$\Gamma - \limsup_{n \to +\infty} \frac{S_{A_n}}{|A_n|}(., \omega) \leq \sup_{m \in \mathbb{N}^*} \{ \int_\Omega \frac{S_{[0,m[^N}}{m^N}(., \omega) d\mathbf{P}(\omega) \}.$$

Pour tout $\varepsilon > 0$ et $x \in X$ fixé on a

$$\frac{S_{A_n}}{|A_n|}(\omega, x) \geq \inf_{y \in B(x,\varepsilon)} \frac{S_{A_n}}{|A_n|}(\omega, y)$$

À l'aide du Théorème 1.2.4, on peut trouver $\Omega_x \in \mathcal{A}$ vérifiant $\mathbf{P}(\Omega_x) = 1$ tel que pour tout $\omega \in \Omega_x$

$$\limsup_{n \to +\infty} \inf_{y \in B(x,\varepsilon)} \frac{S_{A_n}}{|A_n|}(\omega, y) \leq \sup_{m \in \mathbb{N}^*} \{ \int_\Omega \frac{S_{[0,m[^N}}{m^N}(\omega, x) d\mathbf{P}(\omega) \}.$$

On a donc grâce à (1.7), en passant à la limite en $\varepsilon > 0$, pour tout $x \in X$ et pour tout $\omega \in \Omega_x$

$$\Gamma - \limsup_{n \to +\infty} \frac{S_{A_n}}{|A_n|}(x, \omega) \leq \sup_{m \in \mathbb{N}^*} \{ \int_\Omega \frac{S_{[0,m[^N}}{m^N}(x, \omega) d\mathbf{P}(\omega) \}. \quad (1.13)$$

Soit $\mathcal{D}$ un sous-ensemble dénombrable dense de l'épigraphe de

$$\Phi : x \mapsto \sup_{m \in \mathbb{N}^*} \{ \int_\Omega \frac{S_{[0,m[^d}}{m^d}(x, \omega) d\mathbf{P}(\omega),$$

$\Pi_X D$ sa projection sur X, et $\Omega" := \cap_{x \in \Pi_X D} \Omega_x$ qui vérifie $\mathbf{P}(\Omega") = 1$. De (1.13) on déduit que pour tout $\omega \in \Omega"$

$$\{(x, r) \in \mathcal{D} \,:\, \Phi(x) \leq r\} \subset epigraph\Big(\Gamma - \limsup_{n \to +\infty} \frac{S_{A_n}}{|A_n|}(., \omega)\Big). \quad (1.14)$$

En remarquant que Φ et $\Gamma - \limsup_{n\to+\infty} \frac{S_{A_n}}{|A_n|}(.,\omega)$ sont semi-continues inférieurement, en passant à la fermeture dans (1.14), on déduit

$$epigraph(\Phi) \subset epigraph\Big(\Gamma - \limsup_{n\to+\infty} \frac{S_{A_n}}{|A_n|}(.,\omega)\Big)$$

et donc $\Gamma - \limsup_{n\to+\infty} \frac{S_{A_n}}{|A_n|}(.,\omega) \le \Phi$ pour tout $\omega \in \Omega$", d'où le résultat. □

Exemple 1.2.2. Pour le résultat de convergence presque sûre des processus sous-additifs paramètrés, nous allons prendre comme exemple un processus très proche de celui dont nous nous sommes servi afin d'étudier la distribution aléatoire des fibres du matériau considéré dans cette thèse. On définit l'ensemble Ω par

$$\Omega = \left\{(\omega_i)_{i\in\mathbb{N}} : \omega_i \in \mathbb{R}^2,\ |\omega_i - \omega_j| \ge d \,\text{for}\, i \ne j\right\},$$

où $0 < d < 1$. On munit Ω de la σ-algèbre $\mathcal{A}$ trace de la σ-algèbre produit standard sur Ω. Les bases des fibres sont définies par : $D(\omega_i) := \omega_i + D_{d/2}(0)$ où $D_{d/2}(0)$ est le disque de $\mathbb{R}^2$ centré en O et de rayon $d/2$. On pose $D(\omega) := \bigcup_{i\in\mathbb{N}} D(\omega_i)$. Par conséquent $\omega \mapsto T(\omega) = D(\omega) \times \mathbb{R}$ est la réunion de cylindres aléatoires de $\mathbb{R}^3$, dont la base est l'union des disques disjoints $D(\omega_i)$ de $\mathbb{R}^2$ centrés en ω_i. L'ensemble $T_\varepsilon(\omega) := \varepsilon D(\omega) \times \mathbb{R}$ est la configuration de référence des fibres.

Définissons, pour tout $z \in \mathbf{Z}^2$, l'opérateur $\tau_z : \Omega \to \Omega$ par $\tau_z\omega = \omega - z$. On remarquera que $D(\tau_z\omega) = D(\omega) - z$. On suppose alors l'existence d'une mesure de probabilité sur $(\Omega, \mathcal{A})$, vérifiant le système des trois axiomes suivants :

(A_1) *Distribution "riche "* : $\mathbf{P}\Big(\Big\{\omega \in \Omega : |\hat{Y} \cap D(\omega)| > 0\Big\}\Big) = 1$ et $D(\omega) \cap (0,1)^2 \subset\subset (0,1)^2$

(A_2) *Stationnarité* : $\forall z \in \mathbf{Z}^2$, $\tau_z\#\mathbf{P} = \mathbf{P}$ où $\tau_z\#\mathbf{P}$ est la probabilité image de $\mathbf{P}$ par τ_z ;

(A_3) *Indépendance asymptotique* : pour tous les ensembles E et F de $\mathcal{A}$, $\lim_{|z|\to+\infty} \mathbf{P}(\tau_z E \cap F) = \mathbf{P}(E)\mathbf{P}(F)$.

Soit d'autre part $f : \mathbb{R}^2 \to \mathbb{R}$ une fonction convexe vérifiant la condition de croissance :

$$\exists(\alpha,\beta) \in \mathbb{R}^+ \times \mathbb{R}^+ \text{ tel que } \alpha|\xi|^p \le f(\xi \le \beta(1 + |\xi|^p)\ \forall\xi \in \mathbb{R}^2.$$

On note $\mathcal{I}(\mathbb{R}^2)$ l'ensemble des pavés bornés de $\mathbb{R}^2$, et on définit le processus sous-additif de paramètre $\eta \in [0, \eta_0]$ où $0 < \eta_0 < \frac{d}{2}$, par

$$\mathcal{S} : \mathcal{I}(\mathbb{R}^2) \times [0, \eta_0] \to L^1(\Omega, \mathcal{A}, \mathbf{P})$$

avec pour tout $A \in \mathcal{I}(\mathbb{R}^2)$,

$$\mathcal{S}_A(\omega,\eta) = \inf\Big\{ \int_{\overset{\circ}{A}\setminus D_\eta(\omega)} f(\nabla v)dx : v \in W^{1,p}(\overset{\circ}{A}\setminus\overline{D_\eta(\omega)}),\ \frac{1}{|A|}\int_A v dx = a\Big\}$$

où $a \in \mathbb{R}$ est fixé et

$$D_\eta(\omega) := \bigcup_{i\in\mathbb{N}} h_\eta D(\omega_i), \quad \text{avec } h_\eta D(\omega_i) := \{x \in D(\omega_i) :\ d(x, \mathbb{R}^2\backslash D(\omega_i)) > \eta\}.$$

On peut facilement constater que $-\mathcal{S}$ ainsi défini vérifie l'ensemble des hypothèses du Théorème 1.2.5 lorsqu'on considère sa restriction à l'ensemble des intervalles bornés de $\mathbb{R}^2$. On en déduit donc l'existence de la limite presque sûre qui suit pour $\eta > 0$:

$$L(\eta) = \lim_{n\to+\infty} \frac{\mathcal{S}_{[0,n[^2}}{n^2}(\omega,\eta).$$

Comme conséquence du Théorème 1.2.5 on obtient la continuité de $\eta \mapsto L(\eta)$ en $\eta = 0$. En effet, en utilisant la propriété variationnelle de la Γ-convergence pour $-\mathcal{S}$, on a les limites ω-presque sûres

$$\begin{aligned}\lim_{\eta\to 0}\lim_{n\to+\infty} \frac{\mathcal{S}_{[0,n[^2}}{n^2}(\omega,\eta) &= \sup_{\eta\in[0,\eta_0]}\lim_{n\to+\infty} \frac{\mathcal{S}_{[0,n[^2}}{n^2}(\omega,\eta) \\ &= \lim_{n\to+\infty}\sup_{\eta\in[0,\eta_0]} \frac{\mathcal{S}_{[0,n[^2}}{n^2}(\omega,\eta) \\ &= L(0).\end{aligned}$$

1.3 OUTILS D'ANALYSE CONVEXE.

Dans cette section, nous énonçons et démontrons quelques résultats d'analyse convexe importants pour la suite de notre travail.

On se place dans l'espace normé $(\mathbb{R}^N, |.|)$ et on se donne deux réels positifs α et β. Nous définissons l'ensemble $Conv_{\alpha,\beta,p}(\mathbb{R}^N)$ comme suit.
La fonction $h : \mathbb{R}^N \mapsto \mathbb{R}$ appartient à l'ensemble $Conv_{\alpha,\beta,p}(\mathbb{R}^N)$ si et seulement si : $\forall \xi \in \mathbb{R}^N$

$$\alpha|\xi|^p \le h(\zeta) \le \beta(1 + |\xi|^p). \tag{1.15}$$

Il est alors classique qu'il existe $l > 0$ dépendant de α, β et p tel que $\forall(\xi,\xi') \in \mathbb{R}^N \times \mathbb{R}^N$

$$|h(\xi) - h(\xi')| \le l|\xi - \xi'|.(1 + |\xi|^{p-1} + |\xi'|^{p-1}). \tag{1.16}$$

Les fonctions h de $Conv_{\alpha,\beta,p}(\mathbb{R}^N)$ sont donc localement équi-Lipshitziennes.

Remarque 1.3.1. *Soit h^* la transformée de Fenchel de h, il est facile de montrer que*

$$h \in Conv_{\alpha,\beta,p}(\mathbb{R}^N) \Longrightarrow h^* \in Conv_{\alpha',\beta'}, q(\mathbb{R}^N),$$

où α' dépend de β et q, et , β' dépend de α et q, q étant le conjugué de p.

1.3.1 Convergence dans $Conv_{\alpha,\beta,p}(\mathbb{R}^N)$, des transformées de Fenchel et des sous-différentiels

La proposition qui suit nous sera utile pour passer sous certaines conditions d'une convergence d'une suite de fonctions convexes à la convergence de leurs transformées de Fenchel.

Proposition 1.3.1. *Soient $(h_n)_{n\in\mathbb{N}} \subset Conv_{\alpha,\beta}(\mathbb{R}^N)$ et $h \in Conv_{\alpha,\beta}(\mathbb{R}^N)$, alors*

$$\begin{array}{ccccc} h_n \overset{s}{\to} h & \overset{①}{\Longleftrightarrow} & h_n & \overset{\Gamma}{\to} & h \\ & & \Updownarrow ② & & \\ & & h_n^* & \overset{\Gamma}{\to} & h^* \overset{①'}{\Longleftrightarrow} h_n^* \overset{s}{\to} h^* \end{array}$$

où $\overset{s}{\to}$ symbolise la convergence simple, et $\overset{\Gamma}{\to}$ la Γ-convergence.

Démonstration. Tout d'abord, il est clair que les démonstrations de ① et ①'sont identiques.

Montrons ① :

"$\Rightarrow$" Nous voulons montrer les deux propriétés suivantes

$$i)\ \forall \xi_n \to \xi \Longrightarrow h(\xi) \leqslant \liminf_{n\to+\infty} h_n(\xi_n)$$
$$ii)\ \exists(\xi_n)_{n\in\mathbb{N}} \to \xi \in L^p(\mathcal{O},\mathbb{R}^3) \text{ tel que } h(\xi) \geqslant \limsup_{n\to+\infty} h_n(\xi_n)$$

Soit $\xi_n \to \xi$, en utilisant les propriétés (1.15) , (1.16) et la continuité de h_n,

$$\begin{aligned} \liminf_{n\to\infty} h_n(\xi_n) &= \liminf_{n\to\infty}[h_n(\xi) + h_n(\xi_n) - h_n(\xi)] \\ &\geq \liminf_{n\to\infty}[h_n(\xi) - l|\xi_n - \xi|(1 + |\xi_n|^{p-1} + |\xi|^{p-1})] \\ &= h(\xi). \end{aligned}$$

Pour la propriété $ii)$, il nous suffit de prendre $\xi_n = \xi$, d'où $h_n \overset{\Gamma}{\to} h$.

"$\Leftarrow$" Soit $h_n \overset{\Gamma}{\to} h$. En utilisant $i)$ avec la suite $\xi_n = \xi$,

$$\liminf_{n\to+\infty} \; h_n(\xi) \;\geq\; h(\xi)$$

En combinant cette inégalité avec $ii)$, on obtient l'existence $(\xi_n)_{n\in\mathbb{N}} \to \xi \in L^p(\mathcal{O},\mathbb{R}^3)$ telle que

$$\liminf_{n\to+\infty} \; h_n(\xi) \;\geq\; h(\xi) \geq \limsup_{n\to+\infty} \; h_n(\xi_n).$$

Or h_n vérifie (1.16), d'où

$$\begin{aligned}
\liminf_{n\to+\infty} \; h_n(\xi) \geq h(\xi) \;&\geq\; \limsup_{n\to+\infty} \; h_n(\xi_n) \\
&= \; \limsup_{n\to+\infty}\Big[\; h_n(\xi) + h_n(\xi_n) - h_n(\xi)\Big] \\
&\geq \; \limsup_{n\to+\infty}\Big[h_n(\xi) - l|\xi_n - \xi|(1 + |\xi_n|^{p-1} + |\xi|^{p-1})\Big] \\
&= \; \limsup_{n\to+\infty} h_n(\xi)
\end{aligned}$$

et donc, $\liminf_{n\to+\infty} \; h_n(\xi) = \limsup_{n\to+\infty} \; h_n = h(\xi)$.

Le résultat de Γ-convergence ② provient de la continuité de la transformée de Legendre-Fenchel pour la Mosco-convergence (cf [2] théorème 3.18) et du fait qu'en dimension finie Mosco-convergence et Γ-convergence coïncident (cf Remark 1.1.1). □

On a également la continuité séquentielle de l'opérateur sous différentiel sur $Conv_{\alpha,\beta}(\mathbb{R}^N)$ muni de la Γ-convergence. Plus précisément

Proposition 1.3.2. *Considérons l'opérateur sous différentiel*

$$\begin{aligned}
\partial h : Conv_{\alpha,\beta}(\mathbb{R}^N) \;&\to\; \mathbb{R}^N \times \mathbb{R}^N \\
h \;&\mapsto\; \partial h.
\end{aligned}$$

Alors

$$h_n \overset{\Gamma}{\to} h \Longrightarrow \partial h_n \overset{Graph}{\to} \partial h$$

(cf [2])

1.3.2 Inf-convolution continue.

Soit $f : \Omega \times \mathbb{R}^N \to \mathbb{R}^+$ une fonction $\mathcal{A} \otimes \mathcal{B}(\mathbb{R}^3)$-mesurable telle que $f(\omega, .)$ soit une fonction convexe et semi-continue inférieurement pour **P** presque tout ω de Ω. On appelle inf-convolution de f la fonction $\left(\int\!\!\!\!\!\! \not\; f\right) : \mathbb{R}^N \to \mathbb{R}$ définie pour tout $a \in \mathbb{R}^N$ par

$$\left(\int\!\!\!\!\!\! \not\; f\right)(a) := \inf \left\{ \int_\Omega f(\omega, X(\omega))\, dP(\omega) : X \in L^1_P(\Omega),\ \int_\Omega X(\omega)\, dP(\omega) = a \right\}.$$

On doit cette définition à M. Valadier (voir [9], Remark 36 et théorème VIII.40) On a alors

Théorème 1.3.1. *Si pour tout $x \in \mathbb{R}^N$ la transformée de Legendre-Fenchel $f^*(., x)$ est* P*-intégrable, alors*

$$\left(\int\!\!\!\!\!\! \not\; f\right)^* = \int_\Omega f^*(\omega, .)\, dP(\omega)$$

et, pour tout $a \in \mathbb{R}^N$, il existe $\bar{X}$ dans $L^1_P(\Omega)$ telle que

$$\int_\Omega \bar{X}(\omega)\, d\mathbf{P}(\omega) = a,$$
$$\left(\int\!\!\!\!\!\! \not\; f\right)(a) = \int_\Omega f(\omega, \bar{X}(\omega))\, dP(\omega).$$

Voir [31, 18].

Modélisation $3D - 2D$ pour des fibres de forte rigidité 2

Résumé :

Dans ce chapitre, on propose un modèle déterministe d'un matériau renforcé par des fibres aléatoirement distribuées. L'épaisseur de la structure ainsi que la rigidité des fibres dépendent d'un petit paramètre ε*. La configuration de référence du matériau s'écrit* $\mathcal{O}_{h(\varepsilon)} = \hat{\mathcal{O}} \times (0, h(\varepsilon))$, $\hat{\mathcal{O}} \subset \mathbb{R}^2$ *où* $h(\varepsilon)$ *tend vers* 0*. Ce matériau est reforcé par des fibres aléatoirement distribuées* $T_\varepsilon(\omega) = \varepsilon D(\omega) \times (0, h(\varepsilon))$*. Pour simplifier notre modèle, nous supposons que les fibres sont verticalement disposées et considérées parfaitement collées à la matrice hyper-élastique qui représente le sable. Il est clair que cette hypothèse est acceptable pour* $h(\varepsilon)$ *très petit.*

Ce chapitre est préparatoire au Chapitre 3 qui va suivre. Plus précisément, nous allons fournir un modèle asymptotique, équivalent du point de vue variationnel, à un matériau aléatoirement renforcé de très fine épaisseur. Le Chapitre 3 consistera à "reconstruire" un matériau de type TexSol^{TM} [15, 23, 24] par "sommation" du modèle obtenu dans ce chapitre.

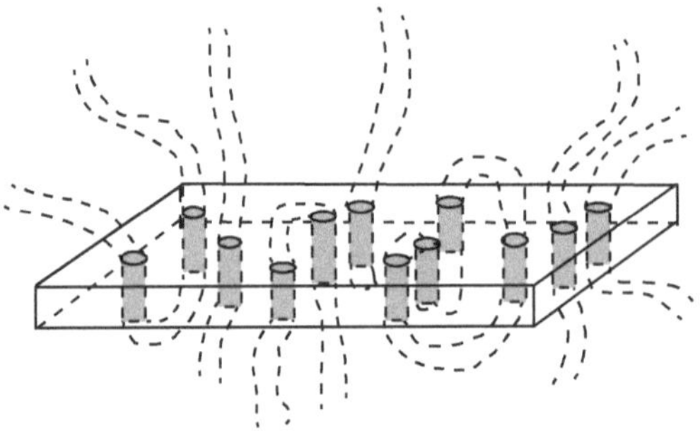

FIGURE 2.1 – *Matériau mince aléatoirement renforcé.*

On considère $\mathcal{O}_{h(\varepsilon)} := \widehat{\mathcal{O}} \times (0, h(\varepsilon)) \subset \mathbb{R}^3$, où $\widehat{\mathcal{O}} \subset \mathbb{R}^2$. Pour $\varepsilon > 0$ on définit l'union des cylindres $T_\varepsilon(\omega) := \varepsilon D(\omega) \times \mathbb{R}$ où $D(\omega) := \bigcup_{i \in \mathbb{N}} D(\omega_i)$ et $D(\omega_i)$ sont des disques de $\mathbb{R}^2$ aléatoirement distribués selon le processus stochastique décrit dans la section 2.1.1 qui suit, leurs centres sont caractérisés par la famille de points $\omega = (\omega_i)_{i \in \mathbb{N}}$ de $\mathbb{R}^2$ associés à un espace probabilisé $(\Omega, \mathcal{A}, \mathbf{P})$. La structure fibrée $\mathcal{O}_{h(\varepsilon)}$ est la réunion de la matrice $\mathcal{O}_{h(\varepsilon)} \setminus T_\varepsilon(\omega)$ et des fibres $\mathcal{O}_{h(\varepsilon)} \cap T_\varepsilon(\omega)$ (Figure 2.1). Par la suite, pour simplifier les notations, nous n'indiquerons pas toujours la variable ω.

On suppose les fibres fixées sur $\hat{\mathcal{O}}$. Le matériau est soumis à un chargement volumique, alors que les fibres sont soumises à une traction sur leur section supérieure. En effet, l'enchevêtrement et la tortuosité du fil dans la matrice (représentant le sable), laisse supposer que le fil est sous tension dans un cube de Texsol, et nous conduit alors à considérer que dans une plaque fine, le fil est soumis à une traction. Le déplacement est donc un minimiseur du problème $(\mathcal{P}_{\varepsilon,h(\varepsilon)}(\omega))$

$$\inf_{u \in W_\varepsilon^{1,p}(\mathcal{O}_{h(\varepsilon)}, \mathbb{R}^3)} \Bigg\{ \int_{\mathcal{O}_{h(\varepsilon)} \setminus T_\varepsilon} f(\nabla u) dx \; + \; \frac{1}{\varepsilon^a} \int_{\mathcal{O}_{h(\varepsilon)} \cap T_\varepsilon} g(\nabla u) dx \\ - \int_{\mathcal{O}_{h(\varepsilon)}} \mathcal{L}_\varepsilon . u dx - \int_{(\widehat{\mathcal{O}} \times \{h(\varepsilon)\}) \cap T_\varepsilon} \ell_\varepsilon(\hat{x}) . u(\hat{x}, h(\varepsilon)) \, d\hat{x} \Bigg\},$$

où dans la dernière intégrale, u est à prendre au sense des traces sur la face supérieure et

$$W_\varepsilon^{1,p}(\mathcal{O}_{h(\varepsilon)}, \mathbb{R}^3) := \Big\{ u \in W^{1,p}(\mathcal{O}_{h(\varepsilon)}, \mathbb{R}^3) \; : \; u = 0 \text{ sur } \hat{\mathcal{O}} \times \{0\} \cap T_\varepsilon \Big\}.$$

Les fonctions f, g sont deux densités supposées quasi-convexes, le coefficient $\frac{1}{\varepsilon^a}$ devant l'intégrale associée aux fibres, correspond à leur forte rigidité, et $\mathcal{L}_\varepsilon$, ℓ_ε représentent respectivement le chargement dans la matrice et la section supérieure des fibres et appartiennent respectivement à $L^{\frac{p}{p-1}}(\mathcal{O}_{h(\varepsilon)}, \mathbb{R}^3)$ et $L^q(\hat{\mathcal{O}} \times \{h(\varepsilon)\}, \mathbb{R}^3)$. Nous avons séparé l'énergie interne de la structure totale en deux énergies, la première de densité f modélisant l'énergie élastique interne dans la matrice $\mathcal{O}_{h(\varepsilon)} \backslash T_\varepsilon(\omega)$, la seconde de densité g modélisant l'énergie interne des fibres $T_\varepsilon(\omega)$.

On note $\bar{u}_\varepsilon(\omega, .)$ un minimiseur de $(\mathcal{P}_{\varepsilon,h(\varepsilon)}(\omega))$. On étudie le comportement de la solution $\overline{\overline{u_\varepsilon}}(\omega, .)$ définie par $\overline{\overline{u_\varepsilon}}(\omega, x) = \bar{u}_\varepsilon\big(\omega, \hat{x}, h(\varepsilon)x_3\big)$, qui minimise le problème $(\mathcal{P}_\varepsilon(\omega))$ suivant

$$\inf_{u \in W^{1,p}_\varepsilon(\mathcal{O},\mathbb{R}^3)} \Big\{ h(\varepsilon) \int_{\mathcal{O}\backslash T_\varepsilon} f(\hat{\nabla} u, \frac{1}{h(\varepsilon)} \frac{\partial u}{\partial x_3}) dx + \frac{h(\varepsilon)}{\varepsilon^a} \int_{\mathcal{O} \cap T_\varepsilon} g(\hat{\nabla} u, \frac{1}{h(\varepsilon)} \frac{\partial u}{\partial x_3}) dx$$
$$- \int_{\mathcal{O}} h(\varepsilon) \mathcal{L}_\varepsilon\big(\hat{x}, h(\varepsilon)x_3\big).u dx - \int_{(\hat{\mathcal{O}} \times \{1\}) \cap T_\varepsilon} \ell_\varepsilon(\hat{x}).u(\hat{x}, 1)\, d\hat{x} \Big\},$$

où

$$\mathcal{O} = \hat{\mathcal{O}} \times (0,1), \;\; W^{1,p}_\varepsilon(\mathcal{O}, \mathbb{R}^3) := \Big\{ u \in W^{1,p}(\mathcal{O}, \mathbb{R}^3) : u = 0 \text{ sur } \hat{\mathcal{O}} \times \{0\} \cap T_\varepsilon \Big\}$$

Nous effectuons une analyse asymptotique du problème $(\mathcal{P}_\varepsilon(\omega))$ sous les conditions

$$p > 1, \;\; h(\varepsilon) = \varepsilon^p, \;\; a > 0.$$

Pour les chargements, nous supposerons

$$\mathcal{L}_\varepsilon \sim \varepsilon^{-p} L, \;\; \ell_\varepsilon \sim \varepsilon^{-b} l, \text{ et } b \leq p - 1 + \frac{a}{p}.$$

La condition $b \leq p - 1 + \frac{a}{p}$ provient du Lemme de compacité 2.1.1 et représente une majoration de la traction soumise aux sections supèrieures des fibres. Le cas le plus intéressant étant celui où $b = p - 1 + \frac{a}{p}$. Nous soulignons le fait que sous ces hypothèses, les comportements limites dans les fibres et dans la matrice sont découplés dans le problème limite $(\mathcal{P})$.

On note $\hat{Y}$ la cellule unité de $\mathbb{R}^2$, l'ensemble $n\hat{Y} := (0, n)^2$, et $f^{\infty,p}$ la fonction de récession d'ordre p de f (que l'on définira plus précisément dans la section suivante) et pour tout $\lambda \in \mathbb{M}^{3\times 2}$, on définit la fonction $\lambda \mapsto \widehat{f^{\infty,p}}(\lambda) := \inf_{\xi \in \mathbb{R}^3} f^{\infty,p}\big((\lambda|\xi)\big)$. Pour tout $s \in \mathbb{R}^3$, on notera $f_0(s)$ la limite presque sûre lorsque $n \to +\infty$ de

$$\inf_{w \in W^{1,p}_0(n\hat{Y} \backslash D(\omega), \mathbb{R}^3)} \Big\{ \fint_{n\hat{Y}} \widehat{f^{\infty,p}}(\nabla w)\, d\hat{x} : \fint_{n\hat{Y}} w \, d\hat{x} = s \Big\}$$

dont l'existence est garantie par le Théorème ergodique 2.1.3. On montre que $\overline{\overline{u_\varepsilon}}(\omega,.)$ converge faiblement et presque sûrement dans $L^p(\mathcal{O},\mathbb{R}^3)$ vers $\overline{\overline{u}}$ vérifiant pour presque tout $\hat{x}\in\hat{\mathcal{O}}$ (Corollaire 2.1.2)

$$\overline{\overline{u}}(\hat{x})\in\partial f_0^*\Big(\int_0^1 L(\hat{x},t)\,dt\Big).$$

Dans le Chapitre 5, en vue de simulations numériques dans un cadre scalaire et lorsque $f=\frac{1}{2}|\,.\,|^2$, nous précisons l'expression de la solution $\overline{\overline{u}}(\hat{x})$ sous la forme

$$\overline{\overline{u}}(\hat{x})=\Lambda\int_0^1 L(\hat{x},t)\,dt,$$

où Λ est défini de la manière suivante : soit $U_n(\omega,.)$ solution du problème de Dirichlet aléatoire scalaire suivant

$$\begin{cases}-\Delta U=1 \text{ sur } n\hat{Y}\setminus D(\omega),\\ U\in W_0^{1,2}(n\hat{Y}\setminus D(\omega)),\end{cases}$$

on définit alors la suite des scalaires $\Lambda_n(\omega):=\fint_{n\hat{Y}}U_n(\omega,.)\,d\hat{x}$. On montre par un théorème ergodique que $\Lambda_n(\omega)$ converge presque sûrement lorsque $n\to+\infty$ vers une limite déterministe que l'on note Λ.

Un autre fait important est que les champs $\mathbb{1}_{\mathcal{O}\cap T_\varepsilon}\overline{\overline{u_\varepsilon}}(\omega,.)$ et $\mathbb{1}_{\mathcal{O}\cap T_\varepsilon}\frac{\partial\overline{\overline{u_\varepsilon}}(\omega,.)}{\partial x_3}$ convergent fortement vers 0 dans $L^p(\mathcal{O},\mathbb{R}^3)$. Nous perdons donc, à la limite, des informations sur le déplacement des fibres. On peut cependant préciser cette convergence dans le sens suivant : les fonctions $\varepsilon^{1-p-\frac{a}{p}}\mathbb{1}_{\mathcal{O}\cap T_\varepsilon}\overline{\overline{u_\varepsilon}}(\omega,.)$ et $\varepsilon^{1-p-\frac{a}{p}}\mathbb{1}_{\mathcal{O}\cap T_\varepsilon}\frac{\partial\overline{\overline{u_\varepsilon}}(\omega,.)}{\partial x_3}$ convergent faiblement dans $L^p(\mathcal{O},\mathbb{R}^3)$ vers $\bar{v}$ et $\frac{\partial\bar{v}}{\partial x_3}$ respectivement, $\bar{v}$ étant l'unique solution du problème suivant

$$\begin{cases}-\dfrac{\partial}{\partial x_3}\Big(D(g^{\infty,p})^{\perp}(\dfrac{\partial v}{\partial x_3})\Big)=0 \text{ sur } \mathcal{O},\\[2mm] v(\hat{x},0)=0 \text{ sur } \widehat{\mathcal{O}}\times\{0\},\\[2mm] D(g^{\infty,p})^{\perp}(\frac{\partial v}{\partial x_3}).e_3=\theta^{p-1}\tilde{l} \text{ sur } \widehat{\mathcal{O}}\times\{1\},\end{cases}$$

où

$$\tilde{l}=\begin{cases}l & \text{si } b=p-1+\frac{a}{p}\\ 0 & \text{si } b<p-1+\frac{a}{p},\end{cases}$$

$(g^{\infty,p})^{\perp}(s):=g^{\infty,p}(0,s)$ pour tout $s\in\mathbb{R}$, et $\theta=\displaystyle\int_\Omega|\hat{Y}\cap D(\omega)|\,d\mathbf{P}(\omega)$ représente la fraction volumique asymptotique des fibres dans la matrice (Corollaire 2.1.2).

Ces deux comportements asymptotiques sont obtenus par l'analyse d'une convergence variationnelle de type Γ-convergence de la fonctionnelle énergie

$$E_\varepsilon(\omega,u) := h(\varepsilon)\int_{\mathcal{O}\setminus T_\varepsilon} f(\hat{\nabla} u, \frac{1}{h(\varepsilon)}\frac{\partial u}{\partial x_3})\,dx \;+\; \frac{h(\varepsilon)}{\varepsilon^a}\int_{\mathcal{O}\cap T_\varepsilon} g(\hat{\nabla} u, \frac{1}{h(\varepsilon)}\frac{\partial u}{\partial x_3})\,dx$$
$$-\int_{\mathcal{O}} L.u\,dx - \varepsilon^{-b}\int_{(\hat{\mathcal{O}}\times\{1\})\cap T_\varepsilon} l.u(\hat{x},1)\,d\hat{x}$$

associée au problème $(\mathcal{P}_\varepsilon(\omega))$ (Theorem 2.1.2).

2.1 DESCRIPTION PRÉCISE DU PROBLÈME

2.1.1 Définition de l'espace probabilisé

Commençons cette étude par quelques notations. Pour tout $x = (x_1, x_2, x_3)$ de $\mathbb{R}^3$, on pose $\hat{x} := (x_1, x_2)$, on note $\mathbf{M}^{3\times 3}$ et $\mathbf{M}^{3\times 2}$ les ensembles des matrices 3×2 et 3×3 respectivement, $\hat{Y}$ la cellule unitaire $(0,1)^2$ et $n\hat{Y} := (0,n)^2$.

Soient $\delta > 0$ et $\hat{A}$ un ensemble non vide de $\mathbb{R}^2$, on utilise la notation :

$$\hat{A}_\delta := \left\{x \in \hat{A} : d(x, \mathbb{R}^2 \setminus \hat{A}) > \delta\right\}.$$

Pour tout ensemble Borélien A de $\mathbb{R}^2$ ou de $\mathbb{R}^3$, $|A|$ est la mesure de Lebesgue de A et $\#(A)$ son cardinal lorsqu'il est fini.

Dans notre problème, les fibres étant supposées verticales, l'aléatoire intervient seulement par la position des centres de chaque fibre dans $\mathbb{R}^2$. On définit l'ensemble Ω des centres des fibres par

$$\Omega = \left\{(\omega_i)_{i\in\mathbb{N}} : \omega_i \in \mathbb{R}^2,\ |\omega_i - \omega_j| \geq d \text{ for } i \neq j\right\},$$

où $0 < d \leq 1$. On munit Ω de la σ-algèbre $\mathcal{A}$ trace de la σ-algèbre produit standard sur Ω. Les bases des fibres sont définies par : $D(\omega_i) := \omega_i + B_{d/2}(0)$ où $B_{d/2}(0)$ est le disque ouvert de $\mathbb{R}^2$ centré en O et de rayon $d/2$, et on pose $D(\omega) = \bigcup_{i\in\mathbb{N}} D(\omega_i)$. Par conséquent $\omega \mapsto T(\omega) = D(\omega)\times\mathbb{R}$ est la réunion de cylindres aléatoires de $\mathbb{R}^3$, dont la base est l'union des disques disjoints $D(\omega_i)$ de $\mathbb{R}^2$ centrés en ω_i. L'ensemble $T_\varepsilon(\omega) := \varepsilon D(\omega)\times\mathbb{R}$ est la configuration de référence des fibres.

Définissons pour tout $z \in \mathbf{Z}^2$ l'opérateur de translation $\tau_z : \Omega \to \Omega$ par $\tau_z\omega = \omega - z$. On remarquera que $D(\tau_z\omega) = D(\omega) - z$. On suppose alors l'existence d'une mesure de probabilité sur $(\Omega, \mathcal{A})$, vérifiant le système des trois axiomes suivants :

(A_1) *Distribution "riche"* : $\mathbf{P}\Big(\left\{\omega \in \Omega : |\hat{Y} \cap D(\omega)| > 0\right\}\Big) = 1$

(A_2) *Stationnarité* : $\forall z \in \mathbf{Z}^2$, $\tau_z\#\mathbf{P} = \mathbf{P}$ où $\tau_z\#\mathbf{P}$ est la probabilité image de $\mathbf{P}$ par τ_z ;

(A_3) *Indépendance asymptotique* : pour tous les ensembles E et F de $\mathcal{A}$, $\lim_{|z|\to+\infty} \mathbf{P}(\tau_z E \cap F) = \mathbf{P}(E)\mathbf{P}(F)$.

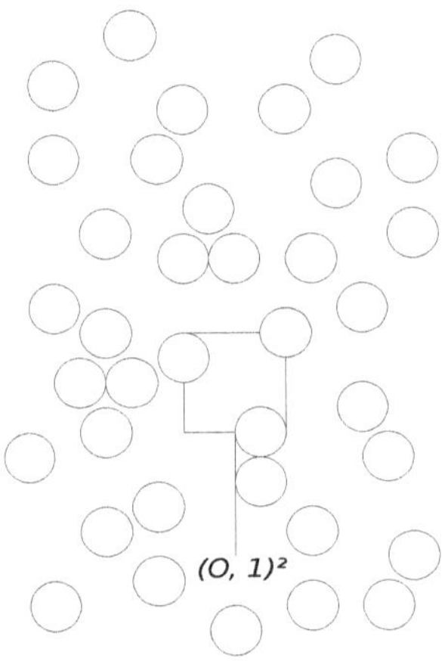

FIGURE 2.2 – *Distribution des sections à l'échelle* $\varepsilon = 1$

Remarque 2.1.1. *i) La taille de la cellule $\hat{Y}$ est choisie de façon à fixer le générateur du groupe $(\tau_z)_{z\in\mathbf{Z}^2}$. La condition (A_2) signifie que les fonctions aléatoires X définies sur Ω sont statistiquement homogènes dans le sens où X et $X \circ \tau_z$ ont la même loi de probabilité, i.e., $X\#\mathbf{P} = X \circ \tau_z\#\mathbf{P}$. On peut traduire cela par le fait que lorsque l'on déplace notre VER dans $\widehat{O}$ la répartition des fibres est statistiquement la même (voir Figure 2.2).*

ii) Les conditions (A_1) et (A_2) expriment la non rareté des fibres (voir Figure 2.2). En effet, pour toute fenêtre $\hat{A} = \hat{Y} + z$

$$\begin{aligned}
\mathbf{P}\big(\big\{\omega : |\hat{A} \cap D(\omega)| > 0\big\}\big) &= \mathbf{P}\big(\big\{\omega : |\hat{Y} \cap (D(\omega) - z)| > 0\big\}\big) \\
&= \mathbf{P}\big(\big\{\omega : |\hat{Y} \cap (D(\tau_z\omega))| > 0\big\}\big) \\
&= \mathbf{P}\big(\big\{\omega : |\hat{Y} \cap (D(\omega))| > 0\big\}\big) = 1.
\end{aligned}$$

On remarquera que la fraction volumique $\int_\Omega |\hat{Y} \cap D(\omega)| \, d\mathbf{P}(\omega)$ *est strictement positive.*

iii) La condition (A_3) *exprime une indépendance asymptotique : les évènements* $\tau_z E$ *et* F *sont indépendants pour* z *assez grand. D'après la Définition 1.2.4 cet axiome est une condition suffisante pour assurer l' ergodicité de* $(\Omega, \mathcal{A}, \mathbf{P}, (\tau_z)_{z\in\mathbf{Z}})$

iv) Considérons $\bar{\omega} = (\bar{\omega}_i)_{i\in\mathbb{N}}$ *la répartition des centres des disques de* $\mathbb{R}^2$ *en empilement hexagonal. Alors cette distribution est maximale dans le sens suivant : pour tout* $\omega \in \Omega$, $|\hat{Y} \cap D(\omega)| \leq |\hat{Y} \cap D(\bar{\omega})|$ *presque sûrement dans* Ω.

Voici comme exemple le plus simple le cas de l'échiquier aléatoire.

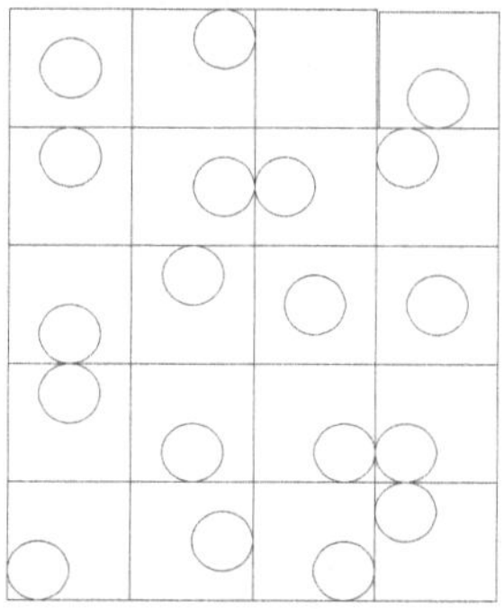

FIGURE 2.3 – *Échiquier aléatoire à l'échelle* $\varepsilon = 1$ *avec* $\#(\Omega_0) = 9$

Exemple 2.1.1 (échiquier aléatoire). Soit $0 < d \leq 1$ comme précédemment et un ensemble dénombrable $\Omega_0 = \left\{x_k : x_k \in \hat{Y}_{d/2},\ k \in \mathbb{N}\right\}$ ainsi que $\Omega := \Pi_{z\in\mathbf{Z}^2}\Omega_z$ où $\Omega_z = \Omega_0 + z$ pour tout $z \in \mathbf{Z}^2$ (voir Figure 2.3) . On munit Ω de la σ-algebre $\mathcal{A}$ générée par les cylindres de Ω. Pour une famille $(\alpha_k)_{k\in\mathbb{N}}$ donnée de $\mathbb{R}$ satisfaisant $0 \leq \alpha_k \leq 1$ et $\sum_{k\in\mathbb{N}} \alpha_k = 1$ on considère la mesure de probabilité $\mu_0 = \sum_{k\in\mathbb{N}} \alpha_k \delta_{x_k}$ sur Ω_0 et la mesure produit $\mathbf{P} = \Pi_{z\in\mathbf{Z}}\mu_z$ on $(\Omega, \mathcal{A})$ où $\mu_z = \mu_0$ pour tout $z \in \mathbf{Z}$. Il est facile de voir que $\mathbf{P}$ vérifie les axiomes (A_1)-(A_3).

Remarque 2.1.2. *Tout les résultats qui seront obtenus par la suite pour une section de fibre* $\hat{B}_{d/2}(0)$*, sont encore valables pour une section connexe de* $\mathbb{R}^2$ *quelconque incluse dans* $B_{d/2}(0)$.

On note $a(\omega,.)$ la fonction caractéristique de $D(\omega)$ de sorte que que $1_{T_\varepsilon(\omega)}(x) = 1_{D(\omega)}(\frac{\hat{x}}{\varepsilon}) := a(\omega,\frac{\hat{x}}{\varepsilon})$ pour tout $x \in \mathcal{O}$. Grâce à la Proposition 1.2.2 on a le résultat de convergence suivant

Corollaire 2.1.1. *Pour presque tout ω de Ω on a*

$$a(\omega,.) \rightharpoonup \mathbf{E}\Big(\int_{\hat{Y}} a(\omega,\hat{y})d\hat{y}\Big) := \theta \tag{2.1}$$

pour la topologie $\sigma(L^\infty(\mathcal{O},\mathbb{R}^3),L^1(\mathcal{O},\mathbb{R}^3))$.

2.1.2 Hypothèses relatives aux densités d'énergies f et g.

On se donne deux fonctions quasi-convexes f et g définies sur l'ensemble $\mathbf{M}^{3\times3}$ des matrices 3×3 satisfaisant la condition classique de croissance d'ordre $p>1$: il existe deux réels positifs α,β, tels que $\forall M, M' \in \mathbf{M}^{3\times3}$

$$\alpha|M|^p \leq f(M) \leq \beta(1+|M|^p), \tag{2.2}$$

idem pour g. Notons que f satisfait alors automatiquement la propriété locale-Lipschitz

$$|f(M)-f(M')| \leq \ell|M-M'|(1+|M|^{p-1}+|M|^{p-1}) \tag{2.3}$$

avec $\ell>0$, idem pour g.

On suppose l'existence de $\beta'>0$, $0<\gamma<p$ et une d'une fonction positivement p-homogène $f^{\infty,p}$ (fonction de récession d'ordre p de f) vérifiant quel que soit $M \in \mathbf{M}^{3\times3}$

$$|f(M)-f^{\infty,p}(M)| \leq \beta'(1+|M|^{p-\gamma}). \tag{2.4}$$

De (2.4) nous déduisons $\lim\limits_{t\to+\infty}\dfrac{f(tM)}{t^p} = f^{\infty,p}(M)$. Par (2.5) et (2.6), $f^{\infty,p}$ vérifie pour tout $M \in \mathbf{M}^{3\times3}$

$$\alpha|M|^p \leq f^{\infty,p}(M) \leq \beta|M|^p \tag{2.5}$$

et

$$|f^{\infty,p}(M)-f^{\infty,p}(M')| \leq \ell|M-M'|(|M|^{p-1}+|M|^{p-1}) \tag{2.6}$$

pour tout $(M,M') \in \mathbf{M}^{3\times3}\times\mathbf{M}^{3\times3}$.
On pose $\lambda \mapsto \widehat{f^{\infty,p}}(\lambda) := \inf_{\xi\in\mathbb{R}^3} f^{\infty,p}\Big((\lambda|\xi)\Big)$ qu'on suppose être une fonction convexe sur l'ensemble $\mathbf{M}^{3\times2}$ des matrices 3×2.
On définit également la fonction de récession $g^{\infty,p}$ d'ordre p de g comme en (2.4) et, pour tout s de $\mathbb{R}^3$, on pose

$$(g^{\infty,p})^\perp(s) := \inf_{\xi\in\mathbf{M}^{3\times2}} g^{\infty,p}(\xi|s)$$

et on suppose que $(g^{\infty,p})^{\perp}(s) = g^{\infty,p}(0,s)$. Notons que $g^{\infty,p}$ est une fonction quasi-convexe de rang 1, et qu'alors la densité $(g^{\infty,p})^{\perp}$ est convexe.

Considérons le problème $(\mathcal{P}_{\varepsilon,h(\varepsilon)})$

$$\inf\left\{H_{\varepsilon,h(\varepsilon)}(\omega,u) - \int_{\mathcal{O}_{h(\varepsilon)}} \mathcal{L}_\varepsilon . u dx - \int_{(\widehat{\mathcal{O}}\times\{h(\varepsilon)\})\cap T_\varepsilon} \ell_\varepsilon(\hat{x}).u(\hat{x},h(\varepsilon))d\hat{x} : u \in L^p(\mathcal{O},\mathbb{R}^3)\right\}$$

où la fonctionnelle énergie H_ε est définie dans $L^p(\mathcal{O},\mathbb{R}^3)$, $p > 1$ par

$$H_{\varepsilon,h(\varepsilon)}(\omega,u) = \begin{cases} \displaystyle\int_{\mathcal{O}_{h(\varepsilon)}\setminus T_\varepsilon} f(\nabla u)\, dx + \frac{1}{\varepsilon^a}\int_{\mathcal{O}_{h(\varepsilon)}\cap T_\varepsilon} g(\nabla_\varepsilon u)\, dx \text{ si } u \in W^{1,p}_\varepsilon(\mathcal{O}_{h(\varepsilon)},\mathbb{R}^3) \\ +\infty \text{ sinon} \end{cases}$$

et

$$W^{1,p}_\varepsilon(\mathcal{O}_{h(\varepsilon)},\mathbb{R}^3) := \left\{u \in W^{1,p}(\mathcal{O}_{h(\varepsilon)},\mathbb{R}^3) : u = 0 \text{ sur } (\widehat{\mathcal{O}}\times\{0\})\cap T_\varepsilon\right\}.$$

On suppose les chargements $\mathcal{L}_\varepsilon$ et ℓ_ε vérifient la loi de comportement suivant : il existe L dans $L^q(\mathcal{O},\mathbb{R}^3)$, l dans $L^q(\widehat{\mathcal{O}},\mathbb{R}^3)$, $q = \frac{p}{p-1}$, et b dans $\mathbb{R}$ tels que

$$\begin{cases} \mathcal{L}_\varepsilon \approx \frac{1}{h(\varepsilon)} L\Big(\hat{x}, \frac{x_3}{h(\varepsilon)}\Big) \text{ sur } \mathcal{O}_{h(\varepsilon)} \\ \ell_\varepsilon \approx \varepsilon^{-b} l(\hat{x}, h(\varepsilon)) \text{ sur } \widehat{\mathcal{O}} \cap \varepsilon D. \end{cases} \tag{2.7}$$

Procédons au changement d'échelle $x_3 = h(\varepsilon)y_3$. On étudie alors le comportement de $\overline{\overline{u_\varepsilon}}(\omega,\hat{x},x_3) := \bar{u}_\varepsilon(\omega,\hat{x},h(\varepsilon)x_3)$ où $\bar{u}_\varepsilon$ minimise $(\mathcal{P}_{\varepsilon,h(\varepsilon)}(\omega))$. Par conséquent, $\overline{\overline{u_\varepsilon}}(\omega,\hat{x},x_3)$ est un minimiseur de

$$(\mathcal{P}_\varepsilon) \qquad \inf\left\{H_\varepsilon(\omega,u) - \int_{\mathcal{O}} L.u\, dx - \varepsilon^{-b}\int_{(\widehat{\mathcal{O}}\times\{1\})\cap T_\varepsilon} l(\hat{x}).u(\hat{x},1)\, d\hat{x} : u \in L^p(\mathcal{O},\mathbb{R}^3)\right\}$$

où

$$H_\varepsilon(\omega,u) = h(\varepsilon)\int_{\mathcal{O}\setminus T_\varepsilon} f(\hat{\nabla} u, \frac{1}{h(\varepsilon)}\frac{\partial u}{\partial x_3})\, dx + h(\varepsilon)\varepsilon^{-a}\int_{\mathcal{O}\cap T_\varepsilon} g(\hat{\nabla}_\varepsilon u, \frac{1}{h(\varepsilon)}\frac{\partial u}{\partial x_3})\, dx + \infty$$

si $u \in W^{1,p}_\varepsilon(\mathcal{O},\mathbb{R}^3)$, et $+\infty$ sinon.

Soit $E_\varepsilon(\omega,.)$ l'énergie aléatoire totale définie pour tout $u \in L^p(\mathcal{O},\mathbb{R}^3)$ par

$$E_\varepsilon(\omega,u) = H_\varepsilon(\omega,u) - \int_{\mathcal{O}} L.u\, dx - \varepsilon^{-b}\int_{(\widehat{\mathcal{O}}\times\{1\})\cap T_\varepsilon} l(\hat{x}).u(\hat{x},1)\, d\hat{x}.$$

Nous effectuons l'analyse asymptotique de E_ε sous les conditions

$$a > 0,\ h(\varepsilon) = \varepsilon^p.$$

La condition $a>0$ traduit la forte rigidité des fibres aléatoires. La condition $h(\varepsilon)=\varepsilon^p$ dont la justification sera donnée dans la section suivante, et imposé par la nécessaire compacité des suites $(u_\varepsilon)_{\varepsilon>0}$ d'énergie finie, i.e., satisfaisant $\sup_{\varepsilon>0} E_\varepsilon(\omega,.)<+\infty$ (cf Lemme 2.1.1 dans la section suivante). L'énergie remise à l'échelle est alors

$$H_\varepsilon(\omega,u)=\begin{cases}\varepsilon^p\int_{\mathcal{O}\setminus T_\varepsilon} f(\hat{\nabla}u,\frac{1}{\varepsilon^p}\frac{\partial u}{\partial x_3})\,dx+\varepsilon^{p-a}\int_{\mathcal{O}\cap T_\varepsilon} g(\hat{\nabla}u,\frac{1}{\varepsilon^p}\frac{\partial u}{\partial x_3})\,dx \text{ si } u\in W^{1,p}_\varepsilon(\mathcal{O},\mathbb{R}^3)\\ +\infty \text{ sinon.}\end{cases}$$

On effectuera donc l'analyse du comportement des fonctionnelles suivantes

$$F_\varepsilon(\omega,u)=\begin{cases}\varepsilon^p\int_{\mathcal{O}\setminus T_\varepsilon} f(\hat{\nabla}u,\frac{1}{\varepsilon^p}\frac{\partial u}{\partial x_3})\,dx \text{ si } u\in W^{1,p}_{\Gamma_0}(\mathcal{O},\mathbb{R}^3)\\ +\infty \text{ sinon,}\end{cases}$$

et

$$G_\varepsilon(\omega,u)=\begin{cases}\varepsilon^{p-a}\int_{\mathcal{O}\cap T_\varepsilon} g(\hat{\nabla}_\varepsilon u,\frac{1}{\varepsilon^p}\frac{\partial u}{\partial x_3})\,dx \text{ si } u\in W^{1,p}_{\Gamma_0}(\mathcal{O},\mathbb{R}^3)\\ +\infty \text{ sinon,}\end{cases}$$

car $H_\varepsilon(\omega,.)=F_\varepsilon(\omega,.)+G_\varepsilon(\omega,.)$ dans $L^p(\mathcal{O},\mathbb{R}^3)$.

On pose $\gamma:=p-1+\frac{a}{p}$ (notons que $\gamma>0$). On distinguera alors deux cas où le chargement limite est différent :

(C_1) $b=\gamma$;

(C_2) $b<\gamma$.

Le cas $b<\gamma$ est une condition de traction maximale relative au chargement $\varepsilon^{-b}l$. La traction maximale est alors $\varepsilon^{-\gamma}l$.

2.1.3 La densité limite f_0.

Nous allons définir la densité d'énergie limite associée à la fonctionnelle $F_\varepsilon(\omega,.)$ à l'aide d'un processus sous additif défini sur l'espace probabilisé $(\Omega,\mathcal{A},\mathbf{P})$ vérifiant les axiomes (A_1)-(A_3). Soit $\mathcal{I}$ l'ensemble des intervalles (a,b) de $\mathbb{R}^2$ engendrés par $\hat{Y}$. Pour tout $\hat{A}\in\mathcal{I}$ et tout ξ de $\mathbb{R}^3$ on définit

$$\mathcal{S}_{\hat{A}}(\omega,\xi):=\inf\left\{\int_{\hat{A}\setminus\overline{D(\omega)}}\widehat{f^{\infty,p}}(\nabla w(\hat{x}))\,d\hat{x} : w\in \mathrm{Adm}_{\hat{A}}(\omega,\xi)\right\},$$

$$\mathrm{Adm}_{\hat{A}}(\omega,s):=\left\{w\in W^{1,p}_0(\hat{A}\setminus\overline{D(\omega)},\mathbb{R}^3) : \fint_{\hat{A}} w\,dx=\xi, w=0 \ \text{ dans } \hat{A}\cap D(\omega)\right\}.$$

Notons que l'ensemble $D(\omega)$ n'est pas nécessairement inclus dans $\hat{A}$, mais que leur intersection est presque toujours de mesure strictement positive

($|\hat{A}\cap D(\omega)|>0$).

Munissons $\Omega\times L^p(\mathcal{O},\mathbb{R}^3)$ de la σ-algèbre produit $\mathcal{A}\otimes\mathcal{B}$ où $\mathcal{B}$ est la σ-algèbre Borélienne associée à la norme de $L^p(\mathcal{O},\mathbb{R}^3)$, il est facile de montrer que la fonction $\omega\mapsto\widehat{\mathcal{S}}_{\hat{A}}(\omega,\xi)$ est mesurable pour tout $\hat{A}$ fixé de $\mathcal{I}$ et tout ξ fixé de $\mathbb{R}^3$. On a

Théorème 2.1.1. *Soit $\xi\in\mathbb{R}^3$ fixé, alors*

$$\begin{aligned}\mathcal{S}(.,\xi):\quad &\mathcal{I}\longrightarrow L^1(\Omega,\mathcal{A},\mathbf{P})\\ &\hat{A}\longmapsto\mathcal{S}_{\hat{A}}(.,\xi)\end{aligned}$$

est un processus sous additif associé à $(\tau_z)_{z\in\mathbf{Z}^2}$ satisfaisant pour tout $\xi\in\mathbb{R}^3$, tout $\hat{A}\in\mathcal{I}$ et tout $\delta>0$ assez petit

$$\mathcal{S}_{\hat{A}}(\omega,\xi)\leq\frac{C(p)}{\delta^p\left|(\hat{Y}\setminus D(\bar{\omega}))_{2\delta}\right|^p}|\xi|^p|\hat{A}| \tag{2.8}$$

où $C(p)$ une constante positive dépendant uniquement de p. En conséquence, pour toute famille régulière $(I_n)_{n\in\mathbb{N}}$ de $\mathcal{I}$, la limite $\lim_{n\to\infty}\frac{\mathcal{S}_{I_n}(\omega,\xi)}{|I_n|}$ existe $\mathbf{P}$-presque sûrement et

$$\lim_{n\to\infty}\frac{\mathcal{S}_{I_n}(\omega,\xi)}{|I_n|}=\lim_{n\to\infty}\frac{\mathcal{S}_{[0,n[^2}(.,\xi)}{n^2}=\inf_{m\in\mathbb{N}^*}\left\{\mathbf{E}\frac{\mathcal{S}_{[0,m[^2}(.,\xi)}{m^2}\right\}.$$

On notera par la suite $f_0(\xi)$ cette limite.

Démonstration. Montrons que $\mathrm{Adm}_{\hat{A}}(\omega,\xi)\neq\emptyset$ et que $\mathcal{S}_{\hat{A}}\in L^1(\Omega,\mathcal{A},\mathbf{P})$ en établissant (2.8). Soit $\hat{A}\in\mathcal{I}$ fixé, et $0<\delta$ assez petit, on considère $\phi_\delta=\rho_\delta*\mathbb{1}_{(\hat{A}\setminus D(\omega))_\delta}$ où le noyau de convolution standard ρ_δ est choisi de sorte à avoir

$$\phi_\delta(\hat{x})=\begin{cases}1 \text{ si } \hat{x}\in(\hat{A}\setminus D(\omega))_{2\delta},\\ 0 \text{ si } \hat{x}\in\mathbb{R}^2\setminus(\hat{A}\setminus D(\omega)).\end{cases} \tag{2.9}$$

Alors,

$$\fint_{\hat{A}}\phi_\delta\,d\hat{x}\geq\frac{\left|(\hat{A}\setminus D(\omega))_{2\delta}\right|}{|\hat{A}|}.$$

Prenons $\bar{\omega}$ la distribution maximale de fibres dans $\hat{\mathcal{O}}$. Les axiomes (A_2), (A_3) nous permettent de partitionner l'ensemble $\hat{A}$ de sorte que

$$\begin{aligned}\fint_{\hat{A}}\phi_\delta\,d\hat{x}&\geq\frac{\left|\sum_{z\in\hat{A}\cap\mathbf{Z}^2}(\hat{Y}+z\setminus D(\omega))_{2\delta}\right|}{|\hat{A}|}\\ &=\frac{\left|\sum_{z\in\hat{A}\cap\mathbf{Z}^2}(\hat{Y}\setminus D(\tau_z\omega))_{2\delta}\right|}{|\hat{A}|}\\ &\geq\frac{\#(\hat{A})}{|\hat{A}|}\left|(\hat{Y}\setminus D(\bar{\omega}))_{2\delta}\right|=\left|(\hat{Y}\setminus D(\bar{\omega}))_{2\delta}\right|.\end{aligned} \tag{2.10}$$

La fonction aléatoire définie par

$$w_\delta(\hat{x}, x_3) = \xi \frac{\phi_\delta(\hat{x})}{\fint_A \phi_\delta \, d\hat{x}}$$

appartient à $\mathrm{Adm}_{\hat{A}}(\omega, \xi)$. De plus, par la minoration (2.10) et la condition de croissance satisfaite par $f^{\infty,p}$, on a

$$\begin{aligned} \mathcal{S}_{\hat{A}}(\omega, \xi) &\leq \int_{\hat{A} \setminus D(\omega)} f^{\infty,p}(\nabla w_\delta) \, d\hat{x} \\ &\leq \frac{C(p)}{\delta^p \left| (\hat{Y} \setminus D(\bar{\omega}))_{2\delta} \right|^p} |\xi|^p |\hat{A}|. \end{aligned}$$

où $C(p)$ est une constante positive ou nulle dépendant uniquement de p.

Enfin il est facile de montrer que $\mathcal{S}(\xi)$ vérifie les hypothèses de sous-additivité et de covariance du Théorème 1.2.4 ce qui conclut notre preuve. □

La Proposition qui suit est une conséquence de l'estimation (2.8).

Proposition 2.1.1. *La fonction f_0 est une fonction convexe, positivement homogène d'ordre p et satisfait la condition de croissance (2.5) (avec la même constante α, une constante $\beta > 0$ différente), et satisfaisant également la condition de Lipschitz (2.6) avec une constante $L > 0$ différente.*

Démonstration. Il est facile de voir que f_0 est une fonction convexe homogène d'ordre p. La majoration (2.5) est déduite de (2.8), et (2.6) est déduite de (2.5) par un argument d'analyse convexe classique. Il reste à établir $f_0(\xi) \geq \alpha |\xi|^p$ pour tout $\xi \in \mathbb{R}^3$. Soit $w \in \mathrm{Adm}_{n\hat{Y}}(\omega, \xi)$ on a

$$\begin{aligned} \alpha |\xi|^p &= \alpha \left| \fint_{n\hat{Y}} w \, dx \right|^p \\ &\leq \alpha \fint_{n\hat{Y}} |w|^p \, dx \\ &\leq \alpha \fint_{n\hat{Y}} |\hat{\nabla} w|^p \, dx \\ &\leq \fint_{n\hat{Y}} \widehat{f^{\infty,p}}(\hat{\nabla} w) \, dx \end{aligned}$$

où la seconde inégalité est obtenue grâce à l'inégalité de Poincaré. On termine la preuve en prenant l'infimum sur toutes les fonctions de $\mathrm{Adm}_{n\hat{Y}}(\omega, \xi)$. □

Dans le cas périodique, la densité d'énergie dans la matrice, a une expression simplifiée. La preuve de la proposition qui suit sera faite dans la section 2.2.

Proposition 2.1.2. *Dans le cas d'une répartition périodique de fibres (i.e., celles d'un échiquier aléatoire avec $\#(\Omega_0) = 1$), pour tout $\xi \in \mathbb{R}^3$ nous avons*

$$f_0(\xi) = \inf \left\{ \int_{\hat{Y}} \widehat{f^{\infty,p}}(\nabla w)\, d\hat{y} : w \in W^{1,p}_{\#}(\hat{Y}, \mathbb{R}^3),\ \int_{\hat{Y}} w\, d\hat{y} = \xi,\ w = 0 \text{ sur } D \right\}$$

où $W^{1,p}_{\#}(\hat{Y}, \mathbb{R}^3)$ est l'ensemble des fonctions $\hat{Y}$-périodiques de $W^{1,p}(\hat{Y}, \mathbb{R}^3)$.

2.1.4 Enoncés des résultats

Rappelons que $a > 0$, $p > 1$, $b \leq p - 1 + \frac{a}{p}$. On définit le sous-espace de $L^p(\mathcal{O}, \mathbb{R}^3)$ suivant

$$V_0(\mathcal{O}, \mathbb{R}^3) := \left\{ v \in L^p(\mathcal{O}, \mathbb{R}^3) : \frac{\partial v}{\partial x_3} \in L^p(\mathcal{O}, \mathbb{R}^3),\ v(\hat{x}, 0) = 0 \right\}.$$

Lemme 2.1.1 (Compacité). *Soit $(u_\varepsilon)_{\varepsilon>0}$ de $L^p(\mathcal{O}, \mathbb{R}^3)$ une suite d'énergie bornée, i.e., satisfaisant pour* **P***-presque tout $\omega \in \Omega$, $\sup_{\varepsilon>0} E_\varepsilon(\omega, u_\varepsilon) < +\infty$. Alors, pour* **P***-presque tout $\omega \in \Omega$, il existe une sous-suite pouvant dépendre de ω et un couple $(u, v) \in L^p(\mathcal{O}, \mathbb{R}^3) \times V_0(\mathcal{O}, \mathbb{R}^3)$ pouvant également dépendre de ω tels que :*

$$u_\varepsilon \rightharpoonup u \ \ \textit{dans} \ \ L^p(\mathcal{O}, \mathbb{R}^3), \ \ \textit{et} \ \ \frac{\partial u}{\partial x_3} = 0; \tag{2.11}$$

$$\varepsilon^{-\gamma} a(\omega, \frac{\cdot}{\varepsilon}) u_\varepsilon \rightharpoonup v \ \textit{dans} \ L^p(\mathcal{O}, \mathbb{R}^3); \tag{2.12}$$

$$\varepsilon^{-\gamma} a(\omega, \frac{\cdot}{\varepsilon}) \frac{\partial u_\varepsilon}{\partial x_3} \rightharpoonup \frac{\partial v}{\partial x_3} \ \textit{dans} \ L^p(\mathcal{O}, \mathbb{R}^3); \tag{2.13}$$

Remarque 2.1.3. *En l'absence de chargement, (2.11), (2.12) et (2.13) seront vérifiés sous les seules conditions $a > 0$ et $p > 1$.*

Pour $\omega \in \Omega$ fixé, on introduit la notation suivante pour $(u_\varepsilon)_{\varepsilon>0}$ dans $L^p(\mathcal{O}, \mathbb{R}^3)$:

$$u_\varepsilon \rightharpoonup\rightharpoonup (u, v) \iff \begin{cases} u_\varepsilon \rightharpoonup u \in L^p(\mathcal{O}, \mathbb{R}^3) \\ \varepsilon^{-\gamma} a(\omega, \frac{\cdot}{\varepsilon}) u_\varepsilon \rightharpoonup v \text{ dans } L^p(\mathcal{O}, \mathbb{R}^3). \end{cases}$$

Nous allons établir une convergence variationnelle presque sûre (définie dans le Théorème 2.1.2 qui suit) de la suite $(E_\varepsilon(\omega, .))_{\varepsilon>0}$, relative à la convergence $\rightharpoonup\rightharpoonup$, vers la fonctionnelle déterministe E_0 définie dans $L^p(\mathcal{O}, \mathbb{R}^3) \times L^p(\mathcal{O}, \mathbb{R}^3)$ comme suit. Soit

$$H_0(u, v) := \begin{cases} \displaystyle\int_{\hat{\mathcal{O}}} f_0(u)\, d\hat{x} + \theta^{1-p} \int_{\mathcal{O}} (g^{\infty,p})^{\perp}(\frac{\partial v}{\partial x_3}) dx \text{ si } (u, v) \in L^p(\mathcal{O}, \mathbb{R}^3) \times V_0(\mathcal{O}, \mathbb{R}^3) \\ +\infty \text{ sinon,} \end{cases}$$

où f_0 et $(g^{\infty,p})^{\perp}$ sont les densités d'énergies définies dans la Section 2.1.3. On considère les deux fonctionnelles relatives aux deux matériaux définies dans $L^p(\mathcal{O}, \mathbb{R}^3)$ par

$$F_0(u) = \int_{\hat{\mathcal{O}}} f_0(u) d\hat{x}$$

et

$$G_0(u) = \begin{cases} \theta^{1-p} \int_{\mathcal{O}} (g^{\infty,p})^{\perp}(\frac{\partial v}{\partial x_3}) dx \text{ si } v \in V_0(\mathcal{O}, \mathbb{R}^3) \\ +\infty \text{ sinon,} \end{cases}$$

de sorte que $H_0(u, v) = F_0(u) + G_0(v)$ dans $L^p(\mathcal{O}, \mathbb{R}^3) \times V_0(\mathcal{O}, \mathbb{R}^3)$. On définit alors l'énergie limite E_0 par :

. **Cas** $(C_1) : b = \gamma$

$$E_0(u, v) = \begin{cases} H_0(u, v) - \int_{\mathcal{O}} L.u \, dx - \int_{\hat{\mathcal{O}}} l.v \, d\hat{x} \text{ si } (u, v) \in L^p(\mathcal{O}, \mathbb{R}^3) \times V_0(\mathcal{O}, \mathbb{R}^3) \\ \\ +\infty \text{ sinon} \end{cases}$$

. **Cas** $(C_2) : b < \gamma$

$$E_0(u, v) = \begin{cases} H_0(u, v) - \int_{\mathcal{O}} L.u \, dx \text{ si } (u, v) \in L^p(\mathcal{O}, \mathbb{R}^3) \times V_0(\mathcal{O}, \mathbb{R}^3) \\ \\ +\infty \text{ sinon.} \end{cases}$$

Voici notre résultat principal :

Théorème 2.1.2. *La suite d'énergie E_ε converge presque sûrement vers E_0 dans le sens suivant : Il existe $\Omega' \in \mathcal{A}$ avec $\mathbf{P}(\Omega') = 1$ tel que pour tout $\omega \in \Omega'$*

i) quel que soit le couple $(u, v) \in L^p(\mathcal{O}, \mathbb{R}^3) \times V_0$ et la suite $(u_\varepsilon)_{\varepsilon>0}$ de $L^p(\mathcal{O}, \mathbb{R}^3)$ vérifiant $u_\varepsilon \rightharpoonup\rightharpoonup (u, v)$, alors $\liminf_{\varepsilon \to 0} E_\varepsilon(u_\varepsilon) \geq E_0(u, v)$;

ii) pour tout $(u, v) \in L^p(\mathcal{O}, \mathbb{R}^3) \times V_0$, il existe une suite $(u_\varepsilon)_{\varepsilon>0}$ de $L^p(\mathcal{O}, \mathbb{R}^3)$ telle que $u_\varepsilon \rightharpoonup\rightharpoonup (u, v)$ et $\limsup_{\varepsilon \to 0} E_\varepsilon(u_\varepsilon) \leq E_0(u, v)$.

Corollaire 2.1.2. *Notons $\overline{\overline{u_\varepsilon}}(\omega, .)$ la fonction $x \mapsto \bar{u}_\varepsilon(\omega, \hat{x}, h(\varepsilon)x_3)$, où $\bar{u}_\varepsilon(\omega, .)$ est la solution du problème $(\mathcal{P}_{\varepsilon,h(\varepsilon)})$ et supposons que $(g^{\infty,p})^{\perp}$ est différentiable. Alors il existe une sous-suite de $(\overline{\overline{u_\varepsilon}}(\omega, .))_{\varepsilon>0}$ (non renommée) vérifiant $\overline{\overline{u_\varepsilon}}(\omega, .) \rightharpoonup \overline{\overline{u}}$ presque sûrement dans $L^p(\mathcal{O}, \mathbb{R}^3)$ avec pour presque tout $\hat{x} \in \hat{\mathcal{O}}$,*

$$\overline{\overline{u}}(\hat{x}) \in \partial f_0^*\left(\bar{L}\right)$$

où $\bar{L}(\hat{x}) = \int_0^1 L(\hat{x},t)\,dt$. *Par conséquent, si* ∂f_0^* *est univalent, alors toute la suite* $(\overline{\overline{u_\varepsilon}}(\omega,.))_{\varepsilon>0}$ *converge faiblement et presque sûrement dans* $L^p(\mathcal{O},\mathbb{R}^3)$ *vers* $\overline{\overline{u}}$ *définie pour presque tout* $\hat{x} \in \hat{\mathcal{O}}$ *par*

$$\overline{\overline{u}}(\hat{x}) = \partial f_0^*\Big(\bar{L}\Big).$$

De plus $\varepsilon^{-\gamma}\mathbb{1}_{T_\varepsilon\cap\mathcal{O}}\overline{\overline{u_\varepsilon}}(\omega,.)$ *et* $\varepsilon^{-\gamma}\mathbb{1}_{T_\varepsilon\cap\mathcal{O}}\frac{\partial\overline{\overline{u_\varepsilon}}(\omega,.)}{\partial x_3}$ *converge faiblement et presque sûrement vers* $\bar{v}$ *et* $\frac{\partial\bar{v}}{\partial x_3}$ *dans* $L^p(\mathcal{O},\mathbb{R}^3)$ *respectivement, où* $\bar{v}$ *est l'unique solution de*

$$\begin{cases} -\dfrac{\partial}{\partial x_3}\Big(\dfrac{d(g^{\infty,p})^\perp}{ds}(\dfrac{\partial v}{\partial x_3})\Big) = 0 \text{ dans } \mathcal{O}, \\[2ex] v(\hat{x},0) = 0 \text{ sur } \widehat{\mathcal{O}}\times\{0\}, \\[2ex] D(g^{\infty,p})^\perp(\frac{\partial v}{\partial x_3}).e_3 = \theta^{p-1}\tilde{l} \text{ sur } \widehat{\mathcal{O}}\times\{1\}. \end{cases}$$

avec $\tilde{l} = \begin{cases} l \text{ quand } b = \gamma \\ 0 \text{ si } b < \gamma. \end{cases}$

En éliminant le déplacement v considéré comme variable interne nous déduisons

Corollaire 2.1.3. *La suite des énergies* $E_\varepsilon(\omega,.)$ Γ*-converge presque sûrement vers l'énergie à zéro-gradient* $\mathcal{F}_0(u) := \inf\{E_0(u,v) : v \in V_0\}$ *définie dans* $L^p(\widehat{\mathcal{O}},\mathbb{R}^3)$ *par*

$$\mathcal{F}_0(u) = \begin{cases} \displaystyle\int_{\widehat{\mathcal{O}}} f_0(u)\,d\hat{x} - \int_{\widehat{\mathcal{O}}} u.\bar{L}\,d\hat{x} + G_0(\bar{v}) - \int_{\widehat{\mathcal{O}}\times\{1\}} l.\bar{v}\,d\hat{x} \text{ si } b = \gamma, \\ \displaystyle\int_{\widehat{\mathcal{O}}} f_0(u)\,d\hat{x} - \int_{\widehat{\mathcal{O}}} u.\bar{L}\,d\hat{x} \text{ si } b < \gamma \text{ ou } l = 0. \end{cases}$$

Lorsque la rigidité des fibres n'est pas trop élevée, plus précisément lorsque $a < p$, et lorsque $b \leq 0$ ou $l = 0$ nous obtenons, comme le précise le Corollaire qui suit, une énergie déterministe équivalente dans le cas plus général où l'on remplace la condition au bord $u(x) = 0$ sur $(\widehat{\mathcal{O}}\times\{0\})\cap T_\varepsilon$ par la condition $u(x) = u_0$ sur $(\widehat{\mathcal{O}}\times\{0\})\cap T_\varepsilon$ où u_0 est une fonction donnée de $W^{1,p}(\hat{\mathcal{O}},\mathbb{R}^3)$ (nous pouvons même étendre cette condition à toute la base $\hat{\mathcal{O}}$). En effet avec le changement de fonction $\tilde{u} := u - u_0$, l'énergie E_ε devient

$$\begin{aligned} \tilde{E}_\varepsilon(\omega,\tilde{u}) \; := \; & h(\varepsilon)\int_{\mathcal{O}\setminus T_\varepsilon} f(\hat{\nabla}\tilde{u} + \hat{\nabla}u_0, \frac{1}{h(\varepsilon)}\frac{\partial\tilde{u}}{\partial x_3})\,dx + \frac{h(\varepsilon)}{\varepsilon^a}\int_{\mathcal{O}\cap T_\varepsilon} g(\hat{\nabla}\tilde{u} + \hat{\nabla}u_0, \frac{1}{h(\varepsilon)}\frac{\partial\tilde{u}}{\partial x_3})\,dx \\ & - \int_{\mathcal{O}} L.\tilde{u}\,dx - \int_{\mathcal{O}} L.u_0\,dx \\ & - \varepsilon^{-b}\int_{(\widehat{\mathcal{O}}\times\{1\})\cap T_\varepsilon} l.\tilde{u}(\hat{x},1)\,d\hat{x} - \varepsilon^{-b}\int_{\widehat{\mathcal{O}}\cap\varepsilon D} l.u_0\,d\hat{x}. \end{aligned}$$

En utilisant la propriété (2.6) vérifiée par f et g, si $a < p$ on montre aisément que

$$\begin{aligned}\tilde{E}_\varepsilon(\omega,\tilde{u}) &\approx h(\varepsilon)\int_{\mathcal{O}\setminus T_\varepsilon} f(\hat{\nabla}\tilde{u},\frac{1}{h(\varepsilon)}\frac{\partial\tilde{u}}{\partial x_3})\,dx + \frac{h(\varepsilon)}{\varepsilon^a}\int_{\mathcal{O}\cap T_\varepsilon} g(\hat{\nabla}\tilde{u},\frac{1}{h(\varepsilon)}\frac{\partial\tilde{u}}{\partial x_3})\,dx\\ &- \int_{\mathcal{O}} L.\tilde{u}\,dx - \int_{\mathcal{O}} L.u_0\,dx - \varepsilon^{-b}\int_{(\widehat{\mathcal{O}}\times\{1\})\cap T_\varepsilon} l.\tilde{u}(\hat{x},1)\,d\hat{x} - \varepsilon^{-b}\int_{\widehat{\mathcal{O}}\cap\varepsilon D} l.u_0\,d\hat{x},\end{aligned}$$

où $\tilde{u} = 0$ sur $\hat{\mathcal{O}} \cap \varepsilon D(\omega)$.

Corollaire 2.1.4. *On suppose $a < p$ et $b \leq 0$ ou $l = 0$. La suite des énregies $\tilde{E}_\varepsilon$ converge presque sûrement vers $\tilde{E}_0$ dans le sens du Théorème 2.1.2 où $\tilde{E}_0$ est définie dans $L^p(\mathcal{O},\mathbb{R}^3) \times V_0(\mathcal{O},\mathbb{R}^3)$ par*

$$\begin{aligned}\tilde{E}_0(u,v) &= \int_{\hat{\mathcal{O}}} f_0(u)d\hat{x} - \int_{\mathcal{O}} L.u\,dx - \int_{\mathcal{O}} L.u_0 dx\\ &= E_0(u,v) - \int_{\hat{\mathcal{O}}} \bar{L}.u_0\,d\hat{x},\end{aligned}$$

E_0 étant l'énergie limite précisée précédemment. Les déplacements admissibles sont alors donnés par $u + u_0$.

Nous utiliserons ce résultat dans le chapitre qui suit afin de procéder à la reconstruction 3D de la structure totale initiale à partir du modèle 2D obtenu dans ce chapitre.

2.2 Preuve des résultats

Dans ce qui suit la notation C désignera diverses constantes pouvant dépendre de ω et pouvant varier dans les diverses estimations.

2.2.1 Preuve du Lemme 2.1.1 (compacité)

Pour la preuve du Lemme 2.1.1 nous aurons besoin du Lemme suivant déduit de l'inégalité de Poincaré-Wirtinger.

Lemme 2.2.1. *Pour tout $w \in W^{1,p}_{\Gamma_0}(\mathcal{O},\mathbb{R}^3)$, on a presque sûrement la majoration suivante,*

$$\int_{\mathcal{O}} |w|^p dx \leq C\Big[\frac{h}{|\hat{Y}\cap D(\omega)|}\int_{\mathcal{O}\cap T_\varepsilon} |\frac{\partial w}{\partial x_3}|^p dx + \int_{\mathcal{O}} |\varepsilon\hat{\nabla} w|^p dx\Big], \tag{2.14}$$

où $C > 0$ est une constante dépendant de ω et de p.

Démonstration. Dans ce qui suit C désigne différentes constantes dépendant éventuellement de p et de ω. On fixe un $\omega \in \Omega$ vérifiant l'axiome (A_1). Considèrons $w \in W^{1,p}(\mathbb{R}^2, \mathbb{R}^3)$. Par l' inégalité de Poincaré-Wirtinger , il existe une constante $C_{pw}(\omega)$ telle que

$$\int_{\hat{Y}} \left| w - \fint_{\hat{Y} \cap D(\omega)} w \, d\hat{y} \right|^p d\hat{x} \leq C_{pw}(\omega) \int_{\hat{Y}} |\nabla w|^p \, d\hat{x}$$

on en déduit

$$\int_{\varepsilon\hat{Y}} \left| w - \fint_{\varepsilon\hat{Y} \cap \varepsilon D(\omega)} w \, d\hat{y} \right|^p d\hat{x} \leq C_{pw}(\omega) \int_{\varepsilon\hat{Y}} |\varepsilon \nabla w|^p \, d\hat{x}$$

et finalement

$$\int_{\varepsilon\hat{Y}} |w|^p \, d\hat{x} \leq C \Big[\varepsilon^2 \fint_{\varepsilon\hat{Y} \cap \varepsilon D(\omega)} |w|^p \, d\hat{x} + \int_{\varepsilon\hat{Y}} |\varepsilon \nabla w|^p \, d\hat{x} \Big]. \tag{2.15}$$

Par (2.15) et l'opérateur $\tau_{\varepsilon z} w$ défini par $\tau_{\varepsilon z} w(\hat{x}) := w(\hat{x} + \varepsilon z)$ on a

$$\begin{aligned} \int_{\varepsilon(\hat{Y}+z)} |w|^p \, d\hat{x} &= \int_{\varepsilon\hat{Y}} |\tau_{\varepsilon z} w|^p \, d\hat{x} \\ &\leq C \Big[\varepsilon^2 \fint_{\varepsilon\hat{Y} \cap \varepsilon D(\omega)} |\tau_{\varepsilon z} w|^p \, d\hat{x} + \int_{\varepsilon\hat{Y}} |\varepsilon \nabla \tau_{\varepsilon z} w|^p \, d\hat{x} \Big] \\ &= C \Big[\frac{1}{|\hat{Y} \cap D(\omega)|} \int_{\varepsilon(\hat{Y}+z) \cap \varepsilon D(\tau_{-z}\omega)} |w|^p \, d\hat{x} + \int_{\varepsilon(\hat{Y}+z)} |\varepsilon \nabla w|^p \, d\hat{x} \Big] \end{aligned} \tag{2.16}$$

Soit maintenant w dans $W^{1,p}_{\Gamma_0}(\mathcal{O}, \mathbb{R}^3)$. Notons que $\left| \widehat{\mathcal{O}} \setminus \bigcup_{z \in I_\varepsilon} \varepsilon(\hat{Y} + z) \right| = 0$ où I_ε est un ensemble fini de $\mathbf{Z}^2$ et les cellules $(\hat{Y} + z)_{z \in \mathbf{Z}^2}$ deux à deux disjoints. Par (2.16) on a

$$\begin{aligned} \int_{\mathcal{O}} |w|^p \, dx &\leq C \Big[\sum_{z \in I_\varepsilon} \frac{1}{|\hat{Y} \cap D(\omega)|} \int_0^h \int_{\varepsilon(\hat{Y}+z) \cap \varepsilon D(\tau_{-z}\omega)} |w|^p \, dx + \int_{\mathcal{O}} \left| \varepsilon \hat{\nabla} w \right|^p dx \Big] \\ &\leq C \Big[\frac{1}{|\hat{Y} \cap D(\omega)|} \int_{\mathcal{O} \cap T_\varepsilon} |w|^p \, dx + \int_{\mathcal{O}} \left| \varepsilon \hat{\nabla} w \right|^p dx \Big] \\ &\leq C \Big[\frac{h}{|\hat{Y} \cap D(\omega)|} \int_{\mathcal{O} \cap T_\varepsilon} \left| \frac{\partial w}{\partial x_3} \right|^p dx + \int_{\mathcal{O}} \left| \varepsilon \hat{\nabla} w \right|^p dx \Big], \end{aligned} \tag{2.17}$$

la dernière inégalité étant obtenu par l'inégalité de Poincaré. En effet, puisque $w = 0$ sur Γ_0,

$$\int_{\mathcal{O} \cap T_\varepsilon} |w|^p dx \leq h \int_{\mathcal{O} \cap T_\varepsilon} \left| \frac{\partial w}{\partial x_3} \right|^p dx.$$

D'où le résultat. □

Démonstartion du Lemme 2.1.1. Fixons ω dans le sous-ensemble de Ω de probabilité 1 sur lequel l'axiome (A_1) est vérifié et considérons une suite $(u_\varepsilon)_{\varepsilon>0} \in L^p(\mathcal{O},\mathbb{R}^3)$ telle que $\sup_{\varepsilon>0} E_\varepsilon(\omega,u_\varepsilon) < +\infty$. Par l'inégalité 2.14 du Lemme précédent, les conditions de croissances vérifiées par f et g, et le fait que $\gamma > 0$ et $a > 0$, on a

$$\begin{aligned}
\int_{\mathcal{O}} |u_\varepsilon|^p\,dx &\leq C\int_{\mathcal{O}\cap T_\varepsilon} |u_\varepsilon|^p\,dx + C\varepsilon^p \int_{\mathcal{O}\setminus T_\varepsilon} \left|\hat{\nabla} u_\varepsilon\right|^p dx + C\varepsilon^{p-a}\int_{\mathcal{O}\cap T_\varepsilon} \left|\hat{\nabla} u_\varepsilon\right|^p dx \\
&\leq C\int_{\mathcal{O}\cap T_\varepsilon} \left|\frac{\partial u_\varepsilon}{\partial x_3}\right|^p dx + C\varepsilon^p \int_{\mathcal{O}\setminus T_\varepsilon} \left|\hat{\nabla} u_\varepsilon\right|^p dx + C\varepsilon^{p-a}\int_{\mathcal{O}\cap T_\varepsilon} \left|\hat{\nabla} u_\varepsilon\right|^p dx \\
&\leq C\frac{\varepsilon^{p\gamma}}{\alpha} H_\varepsilon(u_\varepsilon) + CH_\varepsilon(u_\varepsilon) \\
&\leq CH_\varepsilon(u_\varepsilon).
\end{aligned} \tag{2.18}$$

D'autre part, par l'inégalité de Young $st \leq \frac{\nu^p}{p}s^p + \frac{1}{q\nu^q}t^q$ avec $s \geq 0, t \geq 0$, et $\nu > 0$ convenablement choisis plus loin, et notant que

$$\int_{\widehat{\mathcal{O}}\cap\varepsilon D} |u_\varepsilon(\hat{x},1)|^p\,d\hat{x} \leq \int_{\mathcal{O}\cap T_\varepsilon} \left|\frac{\partial u_\varepsilon}{\partial x_3}\right|^p dx,$$

et que $b \geq \gamma$, nous déduisons

$$\begin{aligned}
H_\varepsilon(\omega,u_\varepsilon) &\leq C + \left|\int_{\mathcal{O}} L.u_\varepsilon\,dx\right| + \left|\int_{\widehat{\mathcal{O}}\cap\varepsilon D} \varepsilon^{-b} l.u_\varepsilon\,d\hat{x}\right| \\
&\leq C + \frac{1}{q\nu^q}\int_{\mathcal{O}} |L|^q\,dx + \frac{\nu^p}{p}\int_{\mathcal{O}} |u_\varepsilon|^p\,dx + \frac{1}{q\nu^q}\int_{\widehat{\mathcal{O}}\cap\varepsilon D} |l|^q\,d\hat{x} \\
&\qquad + \frac{\nu^p}{p}\varepsilon^{-pb}\int_{\mathcal{O}\cap T_\varepsilon} \left|\frac{\partial u_\varepsilon}{\partial x_3}\right|^p dx \\
&\leq C + \frac{\nu^p}{p}\int_{\mathcal{O}} |u_\varepsilon|^p\,dx + \frac{\nu^p}{\alpha p} H_\varepsilon(\omega,u_\varepsilon)
\end{aligned} \tag{2.19}$$

et donc

$$(1-\frac{\nu^p}{\alpha p})H_\varepsilon(\omega,u_\varepsilon) \leq C + \frac{\nu^p}{p}\int_{\mathcal{O}} |u_\varepsilon|^p\,dx. \tag{2.20}$$

Par conséquent, en combinant (2.20) avec (2.18),

$$\int_{\mathcal{O}} |u_\varepsilon|^p\,dx \leq C + C\frac{\nu^p}{\delta(\nu)}\int_{\mathcal{O}\setminus T_\varepsilon} |u_\varepsilon|^p\,dx$$

où $\delta(\nu) := \frac{1}{1-\frac{\nu^p}{\alpha p}}$. En choisissant ν assez petit de sorte que $C\frac{\nu^p}{\delta(\nu)} < \frac{1}{2}$, nous obtenons

$$\int_{\mathcal{O}} |u_\varepsilon|^p\,dx \leq C, \tag{2.21}$$

d' où, pour une sous-suite, u_ε converge faiblement vers une fonction u dans $L^p(\mathcal{O},\mathbb{R}^3)$.

De plus les majorations (2.20), (2.21) nous donnent $H_\varepsilon(\omega,u_\varepsilon) \leq C$ et donc, par coercivité de f et g,

$$\begin{aligned}
&\varepsilon^{-p}\int_{\mathcal{O}\setminus T_\varepsilon}\left|\frac{\partial u_\varepsilon}{\partial x_3}\right|^p dx + \varepsilon^{-p\gamma}\int_{\mathcal{O}\cap T_\varepsilon}\left|\frac{\partial u_\varepsilon}{\partial x_3}\right|^p dx \leq C; \qquad (2.22)\\
&\varepsilon^{-p\gamma}\int_{\mathcal{O}\cap T_\varepsilon}\left|\frac{\partial u_\varepsilon}{\partial x_3}\right|^p dx \leq C;\\
&\varepsilon^{-p\gamma}\int_{\mathcal{O}\cap T_\varepsilon}|u_\varepsilon|^p\, dx \leq C.
\end{aligned}$$

d'où l'on déduit aisément (2.11), (2.12) et (2.13). □

2.2.2 Preuve de la limite supérieure Théorème 2.1.2, ii)

Dans cette partie, nous allons établir la borne supérieure (ii) du Théorème 2.1.2.

Proposition 2.2.1. *Il existe un ensemble $\Omega' \in \mathcal{A}$ de probabilité 1 tel que pour tout couple $(u,v) \in L^p(\mathcal{O},\mathbb{R}^3)\times V_0(\mathcal{O},\mathbb{R}^3)$ et tout $\omega \in \Omega'$ il existe une suite $(u_\varepsilon(\omega))_{\varepsilon>0}$ dans $L^p(\mathcal{O},\mathbb{R}^3)$ vérifiant*

$$\begin{aligned}
&u_\varepsilon(\omega) \rightharpoonup\!\rightharpoonup (u,v)\\
&E_0(u,v) \geq \limsup_{\varepsilon\to 0}\ E_\varepsilon(\omega,u_\varepsilon(\omega)).
\end{aligned}$$

Démonstration. Pour toute suite $(u_\varepsilon(\omega))_{\varepsilon>0}$ vérifiant $u_\varepsilon(\omega) \rightharpoonup\!\rightharpoonup (u,v)$, il est facile de voir que

$$\lim_{\varepsilon\to 0}\int_{\mathcal{O}} L.u_\varepsilon(\omega,x)\,dx + \varepsilon^{-b}\int_{(\hat{\mathcal{O}}\times\{1\})\cap T_\varepsilon} l.u_\varepsilon(\omega,\hat{x})\,d\hat{x} = \begin{cases}\displaystyle\int_{\mathcal{O}} L.u\,dx + \int_{\hat{\mathcal{O}}\times\{1\}} lv\,d\hat{x} \text{ si } b=\gamma,\\ \displaystyle\int_{\mathcal{O}} L.u\,dx \text{ si } b<\gamma.\end{cases}$$

Il nous faut alors rechercher une suite $(u_\varepsilon(\omega))_{\varepsilon>0}$ vérifiant

$$\begin{aligned}
&u_\varepsilon(\omega) \rightharpoonup\!\rightharpoonup (u,v)\\
&H_0(u,v) \geq \limsup_{\varepsilon\to 0}\ H_\varepsilon(\omega,u_\varepsilon(\omega)).
\end{aligned}$$

Nous procédons en trois étapes

Etape 1. On suppose que $(u,v) \in \mathcal{C}^1_c(\hat{\mathcal{O}},\mathbb{R}^3)\times\left(\mathcal{C}^1(\mathcal{O},\mathbb{R}^3)\cap V_0(\mathcal{O},\mathbb{R}^3)\right)$ et on va établir l'existence d'un ensemble Ω', avec $P(\Omega')=1$ et de sorte que pour tout

$\omega \in \Omega'$, il existe une suite $(u_\varepsilon(\omega))_{\varepsilon>0}$ de $L^p(\mathcal{O},\mathbb{R}^3)$ vérifiant $u_\varepsilon(\omega) \rightharpoonup\rightharpoonup (u,v)$ et

$$\lim_{\varepsilon\to 0} F_\varepsilon(\omega, u_\varepsilon(\omega)) = \int_{\hat{\mathcal{O}}} f_0(u)\, d\hat{x}$$
$$\lim_{\varepsilon\to 0} G_\varepsilon(\omega, u_\varepsilon(\omega)) = G_0(v).$$

Soient $\eta \in \mathbf{Q}^+$ (que l'on fera tendre vers 0 par la suite) et $(\hat{Q}_{i,\eta})_{i\in I_\eta}$ une famille de cubes de $\mathbb{R}^2$ inclus dans $\hat{\mathcal{O}}$, deux à deux disjoints et de diamètre η tels que

$$\left|\hat{\mathcal{O}} \setminus \bigcup_{i\in I_\eta} \hat{Q}_{i,\eta}\right| = 0.$$

Soit $z_\eta := \sum_{i\in I_\eta} u(\hat{x}_{i,\eta})\mathbb{1}_{Q_{i,\eta}}$, où $x_{i,\eta}$ est arbitrairement choisi dans $\hat{Q}_{i,\eta}$. La fonction u étant Lipschitzienne sur $\hat{\mathcal{O}}$, il est clair que $z_\eta \to u$ dans $L^p(\mathcal{O},\mathbb{R}^3)$ quand $\eta \to 0$.

Pour tout $i \in I_\eta$, et pour $n \in \mathbb{N}^*$ fixé, on considère la fonction admissible $w_{i,n}(\omega,.) \in \mathrm{Adm}_{n\hat{Y}}(\omega, u(\hat{x}_{i,\eta}))$ et la fonction $\xi_{i,n}(\omega,.) \in \mathcal{C}_c^\infty(n\hat{Y} \setminus D(\omega))$ vérifiant

$$\int_{n\hat{Y}\setminus D(\omega)} f^{\infty,p}(\nabla w_{i,n}(\omega,\hat{x}), \xi_{i,n}(\omega,\hat{x}))d\hat{x} = \inf\left\{\int_{n\hat{Y}} \widehat{f^{\infty,p}}(\nabla w)dy : w \in \mathrm{Adm}_{n\hat{Y}}(\omega, u(\hat{x}_{i,\eta}))\right\}$$

Nous prolongeons w et ξ par covariance sur tout $\mathbb{R}^2$ en posant :

$$\tilde{w}_{i,n}(\omega,\hat{x}) = w_{i,n}(\tau_z\omega, \hat{x} - z) \text{ si } x \in n\hat{Y} + z,\ z \in n\mathbf{Z}^2;$$

$$\tilde{\xi}_{i,n}(\omega,\hat{x}) = \xi_{i,n}(\tau_z\omega, \hat{x} - z) \text{ si } x \in n\hat{Y} + z,\ z \in n\mathbf{Z}^2.$$

Les fonctions $\tilde{w}_{i,n}$ et $\tilde{\xi}_{i,n}$ vérifient alors : $\tilde{w}_{i,n}(\omega,\hat{x}+z) = \tilde{w}_{i,n}(\tau_z\omega,\hat{x})$ et $\tilde{\xi}_{i,n}(\omega,\hat{x}+z) = \tilde{\xi}_{i,n}(\tau_z\omega,\hat{x})$ pour tout $z \in n\mathbf{Z}$. Pour faciliter la lecture, on ne notera pas systématiquement la dépendance en η, et nous noterons encore $w_{i,n}$ et $\xi_{i,n}$ ces deux fonctions ainsi prolongées. Par la Proposition 1.2.2, on a presque sûrement quand $\varepsilon \to 0$

$$\begin{aligned} f^{\infty,p}(\nabla w_{i,n}(\omega,\frac{\hat{x}}{\varepsilon}), \xi_{i,n}(\omega,\frac{\hat{x}}{\varepsilon})) &\overset{*}{\rightharpoonup} \mathbf{E}\fint_{n\hat{Y}} f^{\infty,p}(\nabla w_{i,n}(\omega,\hat{x}), \xi_{i,n}(\omega,\hat{x}))\, d\hat{x} \\ &= \mathbf{E}\frac{\mathcal{S}_{(0,n)^2}(\omega, u(\hat{x}_{i,\eta}))}{n^2}, \end{aligned} \tag{2.23}$$

et

$$w_{i,n}(\omega,\frac{\cdot}{\varepsilon}) \rightharpoonup \mathbf{E}\fint_{n\hat{Y}} w_{i,n}(\omega,y)\, dy = u(\hat{x}_{i,\eta}). \tag{2.24}$$

Soit $(\theta_{i,\delta})_{i\in I_\eta}$ une famille de fonctions qui localise la famille $(\hat{Q}_{i,\eta})_{i\in I_\eta}$ avec $\theta_{i,\delta} \to \mathbb{1}_{\hat{Q}_{i,\eta}}$ quand $\delta \to 0$ (on rappelle l'omission de la dépendance en η), et considérons la fonction suivante de $W^{1,p}(\mathcal{O}, \mathbb{R}^3)$:

$$u_{\delta,n,\varepsilon}(\omega, x) = \frac{1}{\theta}\varepsilon^\gamma v + \sum_{i\in I_\eta} \theta_{i,\delta}(\hat{x})\Big[w_{i,n}(\omega, \frac{\hat{x}}{\varepsilon}) + \varepsilon^{p-1}x_3\xi_{i,n}(\omega, \frac{\hat{x}}{\varepsilon})\Big].$$

Remarquons que dans cette construction, le dernier terme correspond aux suites recouvrantes classiques en analyse asymptotique 3D-2D dans la formulation *Plaques en Membrene*, alors que les autres termes correspondent à l'homogénéisation.
On a alors $u_{\delta,n,\varepsilon} = \dfrac{1}{\theta}\varepsilon^\gamma v$ dans $\mathcal{O} \cap T_\varepsilon(\omega)$, et

$$\begin{aligned} &\lim_{\delta\to 0}\lim_{\varepsilon\to 0} u_{\delta,n,\varepsilon}(\omega, .) = z_\eta \text{ faiblement dans } L^p(\mathcal{O}, \mathbb{R}^3) \\ &\lim_{\varepsilon\to 0} \varepsilon^{-\gamma} a(\omega, \frac{\cdot}{\varepsilon}) u_{\delta,n,\varepsilon}(\omega, .) = v \text{ faiblement dans } L^p(\mathcal{O}, \mathbb{R}^3). \end{aligned} \tag{2.25}$$

Soit Ω_0 l'ensemble de probabilité 1 formé des éléments $\omega \in \Omega$ pour lesquels $a(\omega, \frac{\cdot}{\varepsilon}) \rightharpoonup \theta$ pour la topologie $\sigma(L^\infty(\mathcal{O}), L^1(\mathcal{O}))$ et notons $\Omega_{i,\eta,n}$ l'ensemble de probabilité 1 constitué des éléments $\omega \in \Omega$ pour lesquels (2.23) et (2.24) sont vérifiés. On pose

$$\Omega' := \bigcap_{n\in\mathbb{N}^*} \bigcap_{\eta\in\mathbf{Q}^+} \bigcap_{i\in I_\eta} \Omega_{i,\eta,n} \cap \Omega_0.$$

Pour toute la suite nous fixons $\omega \in \Omega'$.

On cherche à estimer $F_\varepsilon(\omega, u_{\delta,n,\varepsilon}(\omega, .))$ et $G_\varepsilon(\omega, u_{\delta,n,\varepsilon}(\omega, .))$. Pour alléger les notations on ne notera plus la dépendance en ω dans cette partie. Sur $\mathcal{O} \setminus T_\varepsilon$ on a

$$\begin{aligned} \varepsilon\hat{\nabla} u_{\delta,n,\varepsilon}(x) &= \frac{1}{\theta}\varepsilon^{\gamma+1}\hat{\nabla} v(x) + \sum_{i\in I_\eta} \theta_{i,\delta}(\hat{x})\Big[\hat{\nabla} w_{i,n}(\omega, \frac{\hat{x}}{\varepsilon}) + \varepsilon^{p-1}x_3\hat{\nabla}\xi_{i,n}(\omega, \frac{\hat{x}}{\varepsilon})\Big] \\ &\quad + \sum_{i\in I_\eta} \varepsilon\hat{\nabla}\theta_{i,\delta}(\hat{x})\Big[w_{i,n}(\omega, \frac{\hat{x}}{\varepsilon}) + \varepsilon^{p-1}x_3\xi_{i,n}(\omega, \frac{\hat{x}}{\varepsilon})\Big] \\ &= O(\varepsilon) + \sum_{i\in I_\eta} \theta_{i,\delta}(\hat{x})\hat{\nabla} w_{i,n}(\omega, \frac{\hat{x}}{\varepsilon}) \end{aligned}$$

et

$$\begin{aligned} \varepsilon^{1-p}\frac{\partial u_{\delta,n,\varepsilon}}{\partial x_3}(x) &= \frac{1}{\theta}\varepsilon^{\gamma+1-p}\frac{\partial v}{\partial x_3}(x) + \sum_{i\in I_\eta} \theta_{i,\delta}(\hat{x})\xi_{i,n}(\omega, \frac{\hat{x}}{\varepsilon}) \\ &= O(\varepsilon) + \sum_{i\in I_\eta} \theta_{i,\delta}(\hat{x})\xi_{i,n}(\omega, \frac{\hat{x}}{\varepsilon}) \end{aligned}$$

où $O(\varepsilon)$ peut dépendre η, n, et δ et $\lim_{\varepsilon\to 0} O(\varepsilon) = 0$. Par (2.4), (2.6) et (2.23) on déduit

$$\begin{aligned}
\lim_{\varepsilon\to 0} F_\varepsilon(\omega, u_{\delta,n,\varepsilon}) &= \lim_{\varepsilon\to 0} \varepsilon^p \int_{\mathcal{O}\setminus T_\varepsilon(\omega)} f(\hat{\nabla} u_{\delta,n,\varepsilon}, \varepsilon^{-p}\frac{\partial u_{\delta,n,\varepsilon}}{\partial x_3})\, dx \\
&= \lim_{\varepsilon\to 0} \int_{\mathcal{O}\setminus T_\varepsilon(\omega)} f^{\infty,p}(\varepsilon\hat{\nabla} u_{\delta,n,\varepsilon}, \varepsilon^{1-p}\frac{\partial u_{\delta,n,\varepsilon}}{\partial x_3})\, dx \\
&= \lim_{\varepsilon\to 0} \sum_{i\in I_\eta} \int_{\hat{Q}_{i,\eta}} \theta^p_{i,\delta} f^{\infty,p}(\hat{\nabla} w_{i,n}(\omega, \frac{\hat{x}}{\varepsilon}), \xi_{i,n}(\frac{\hat{x}}{\varepsilon}))\, d\hat{x} \\
&= \sum_{i\in I_\eta} \int_{\hat{Q}_{i,\eta}} \theta^p_{i,\delta} \mathbf{E} \frac{\mathcal{S}_{(0,n)^2}(\omega, u(\hat{x}_{i,\eta}))}{n^2}\, d\hat{x}.
\end{aligned}$$

Grâce au Théorème 2.1.1 nous obtenons alors

$$\begin{aligned}
\lim_{\delta\to 0} \lim_{n\to\infty} \lim_{\varepsilon\to 0} F_\varepsilon(\omega, u_{\delta,n,\varepsilon}) &= \sum_{i\in I_\eta} |\hat{Q}_{i,\eta}| f_0(u(\hat{x}_{i,\eta})) \\
&= \int_{\mathcal{O}} f_0(z_\eta)\, d\hat{x},
\end{aligned}$$

et par passage à la limite lorsque $\eta \to 0$

$$\lim_{\eta\to 0} \lim_{\delta\to 0} \lim_{n\to\infty} \lim_{\varepsilon\to 0} F_\varepsilon(\omega, u_{\delta,n,\varepsilon}) = \int_{\mathcal{O}} f_0(u)\, dx. \tag{2.26}$$

D'autre part, sachant que $\gamma = p - 1 + \frac{a}{p}$ et que $g^{\infty,p}$ est positivement homogène d'ordre p, on obtient

$$\begin{aligned}
\lim_{\varepsilon\to 0} G_\varepsilon(\omega, u_{\delta,n,\varepsilon}) &= \lim_{\varepsilon\to 0} \varepsilon^{p-a} \int_{\mathcal{O}\cap T_\varepsilon} g(\varepsilon^\gamma \frac{1}{\theta}\hat{\nabla} v, \varepsilon^{\gamma-p}\frac{1}{\theta}\frac{\partial v}{\partial x_3})\, dx \\
&= \lim_{\varepsilon\to 0} \int_{\mathcal{O}\cap T_\varepsilon} g^{\infty,p}(\varepsilon^p \frac{1}{\theta}\hat{\nabla} v, \frac{1}{\theta}\frac{\partial v}{\partial x_3})\, dx \\
&= \theta \int_{\mathcal{O}} g^{\infty,p}(0, \frac{1}{\theta}\frac{\partial v}{\partial x_3})\, dx = G_0(v).
\end{aligned} \tag{2.27}$$

En combinant les estimations (2.25), (2.26), et par un argument de diagonalisation [1] on obtient l'existence de $\varepsilon \mapsto (\eta(\varepsilon), \delta(\varepsilon), n(\varepsilon))$ vérifiant

$$\begin{aligned}
& u_\varepsilon(\omega, .) := u_{\eta(\varepsilon),\delta(\varepsilon),n(\varepsilon),\varepsilon}(\omega, .) \rightharpoonup\!\!\rightharpoonup (u, v) \\
& \lim_{\varepsilon\to 0} H_\varepsilon(\omega, u_\varepsilon(\omega, .)) = \int_{\hat{\mathcal{O}}} f_0(u(\hat{x}))\, d\hat{x} + G_0(v).
\end{aligned}$$

1. On peut facilement vérifier que $u_{\eta,\delta,n,\varepsilon}(\omega, .)$ et $\varepsilon^{-\gamma} a(\omega, \frac{\cdot}{\varepsilon}) u_{\eta,\delta,n,\varepsilon}$ appartiennent à une boule fixe $\mathcal{B}(0, r)$ de $L^p(\mathcal{O}, \mathbb{R}^3)$. De plus, la topologie faible de $L^p(\mathcal{O}, \mathbb{R}^3)$ induit une métrique sur les ensemble bornés, d'où la diagonalisation possible.

ce qui conclut l'*étape 1*.

Etape 2. On se fixe un couple $(u, v) \in L^p(\mathcal{O}, \mathbb{R}^3) \times V_0(\mathcal{O}, \mathbb{R}^3)$ avec $v \in \mathcal{C}^1(\mathcal{O}, \mathbb{R}^3)$ et on montre que pour tout $\omega \in \Omega'$ il existe une suite $(u_\varepsilon(\omega))_{\varepsilon>0}$ de $L^p(\mathcal{O}, \mathbb{R}^3)$ telle que $u_\varepsilon(\omega) \rightharpoonup\rightharpoonup (u, v)$ et $\lim_{\varepsilon\to 0} H_\varepsilon(\omega, u_\varepsilon(\omega)) = H_0(u, v)$.
Considérons $u_n \in \mathcal{C}^1_c(\hat{\mathcal{O}}, \mathbb{R}^3)$ convergent fortement vers u dans $L^p(\hat{\mathcal{O}}, \mathbb{R}^3)$ telle que

$$\lim_{n\to+\infty} \int_{\hat{\mathcal{O}}} f_0(u_n)\, d\hat{x} = \int_{\hat{\mathcal{O}}} f_0(u)\, d\hat{x}.$$

De l'*étape 1*, il existe $u_{\varepsilon,n}(\omega, .)$ convergeant faiblement dans $L^p(\mathcal{O}, \mathbb{R}^3)$ vers u_n lorsque $\varepsilon \to 0$ tel que

$$\lim_{n\to+\infty} \lim_{\varepsilon\to 0} H_\varepsilon(\omega, u_{\varepsilon,n}(\omega, .)) = \int_{\hat{\mathcal{O}}} f_0(u(\hat{x}))\, d\hat{x} + G_0(v).$$

On conclut une nouvelle fois par un argument de diagonalisation.

Etape 3. Quel que soit le couple $(u, v) \in L^p(\mathcal{O}, \mathbb{R}^3) \times V_0(\mathcal{O}, \mathbb{R}^3)$ on montre que pour tout $\omega \in \Omega'$ il existe $(u_\varepsilon(\omega))_{\varepsilon>0}$ dans $L^p(\mathcal{O}, \mathbb{R}^3)$ tel que $u_\varepsilon(\omega) \rightharpoonup\rightharpoonup (u, v)$ et $\lim_{\varepsilon\to 0} H_\varepsilon(\omega, u_\varepsilon(\omega)) = H_0(u, v)$.

Soit $v \in V_0(\mathcal{O}, \mathbb{R}^3)$ par relaxation, on obtient l'existence d'une suite $(\zeta_n)_{n\in\mathbb{N}}$ dans $\mathcal{C}^1_c(\mathcal{O}, \mathbb{R}^3)$ convergeant faiblement vers $\dfrac{\partial v}{\partial x_3}$ dans $L^p(\mathcal{O}, \mathbb{R}^3)$ vérifiant

$$\lim_{n\to+\infty} \int_{\mathcal{O}} (g^{\infty,p})^{\perp}(\frac{1}{\theta}\zeta_n) = \int_{\mathcal{O}} (g^{\infty,p})^{\perp}(\frac{1}{\theta}\frac{\partial v}{\partial x_3}) dx. \tag{2.28}$$

Pour tout $x \in \mathcal{O}$ posons

$$v_n(x) := \int_0^{x_3} \zeta_n(\hat{x}, s)\, ds.$$

Alors $v_n \in V_0(\mathcal{O}, \mathbb{R}^3) \cap \mathcal{C}^1(\mathcal{O}, \mathbb{R}^3)$, $v_n \rightharpoonup u$ dans $L^p(\mathcal{O}, \mathbb{R}^3)$ et

$$\lim_{n\to+\infty} \theta \int_{\mathcal{O}} (g^{\infty,p})^{\perp}(\frac{1}{\theta}\frac{\partial v_n}{\partial x_3}) = G_0(v).$$

On conclut alors cette démonstration en utilisant l' *Étape 2* ainsi qu'un argument classique de diagonalisation. □

2.2.3 Preuve de la limite inférieure du Théorème 2.1.2 i)

Cette partie est consacrée à l'établissement de la limite infèrieure (i) du Théorème 2.1.2.

Proposition 2.2.2. *Pour toute suite* $(u_\varepsilon)_{\varepsilon>0}$ *telle que* $u_\varepsilon \rightharpoonup\rightharpoonup (u,v)$ *on a*

$$E_0(u,v) \leq \liminf_{\varepsilon\to 0} E_\varepsilon(\omega,u_\varepsilon) \tag{2.29}$$

$\mathbf{P}$*-presque sûrement pour* $\omega\in\Omega$.

Démonstration. On suppose que $\liminf_{\varepsilon\to 0} E_\varepsilon(\omega,u_\varepsilon) < +\infty$ sinon la preuve est triviale. Il nous suffit donc de prouver que pour $\mathbf{P}$-presque tout ω de Ω,

$$F_0(v) \leq \liminf_{\varepsilon\to 0} F_\varepsilon(\omega,u_\varepsilon) \tag{2.30}$$

$$G_0(u) \leq \liminf_{\varepsilon\to 0} G_\varepsilon(\omega,u_\varepsilon). \tag{2.31}$$

En effet par le Lemme de compacité 2.1.1, on a facilement

$$\lim_{\varepsilon\to 0}\int_{\mathcal{O}} L.u_\varepsilon(\omega,x)\,dx+\varepsilon^{-b}\int_{(\widehat{\mathcal{O}}\times\{0\})\cap T_\varepsilon} l.u_\varepsilon(\omega,\hat{x})\,d\hat{x} = \begin{cases}\displaystyle\int_{\mathcal{O}} L.u\,dx + \int_{\widehat{\mathcal{O}}\times\{1\}} l.v\,d\hat{x} \text{ si } b=\gamma,\\ \displaystyle\int_{\mathcal{O}} L.u\,dx \text{ si } b<\gamma.\end{cases}$$

Preuve de (2.30).

Puisque $\sup_{\varepsilon>0} E_\varepsilon(\omega,u_\varepsilon) < +\infty$, de (2.22), on obtient l'existence d'une constante C telle que

$$\varepsilon^p\int_{\mathcal{O}\cap T_\varepsilon}\left|\hat{\nabla}u_\varepsilon\right|^p dx < C\varepsilon^a, \tag{2.32}$$

$$\int_{\mathcal{O}\cap T_\varepsilon}\left|\frac{\partial u_\varepsilon}{\partial x_3}\right|^p dx < C\varepsilon^{p\gamma}. \tag{2.33}$$

D'autre part, par le Lemme de compacité, Lemme 2.1.1, il existe une sous-suite vérifiant $\mathbf{1}_{\mathcal{O}\cap T_\varepsilon}u_\varepsilon \to 0$ dans $L^p(\mathcal{O},\mathbb{R}^3)$, et donc

$$\mathbf{1}_{\mathcal{O}\setminus T_\varepsilon}u_\varepsilon = u_\varepsilon - \mathbf{1}_{\mathcal{O}\cap T_\varepsilon}u_\varepsilon \rightharpoonup u \text{ dans } L^p(\mathcal{O},\mathbb{R}^3). \tag{2.34}$$

On utilisera (2.34) dans la dernière étape de la preuve.

Par la condition de coercivité (2.4) vérifiée par f et g, ainsi que par les majorations (2.32), (2.33), il est facile de déduire

$$\begin{aligned}\liminf_{\varepsilon\to 0}\varepsilon^p\int_{\mathcal{O}\setminus T_\varepsilon} f(\hat{\nabla}u_\varepsilon,\frac{1}{\varepsilon^p}\frac{\partial u_\varepsilon}{\partial x_3})dx &= \liminf_{\varepsilon\to 0}\varepsilon^p\int_{\mathcal{O}} f(\hat{\nabla}u_\varepsilon,\frac{1}{\varepsilon^p}\frac{\partial u_\varepsilon}{\partial x_3})dx\\ &\geq \liminf_{\varepsilon\to 0}\int_{\mathcal{O}}\widehat{f^{\infty,p}}(\varepsilon\hat{\nabla}u_\varepsilon)dx.\end{aligned}$$

Soit x_0 fixé dans $\mathcal{O}$ et $Q_\rho(x_0) := S_\rho(\hat{x}_0) \times I_\rho(x_{0,3})$ (on ne notera pas toujours la dépendance en x_0 pour facilité la lecture). Pour établir la majoration (2.30), par un argument classique de localisation, il nous suffit de montrer que pour presque tout x_0 dans $\mathcal{O}$,

$$\lim_{\rho\to 0}\liminf_{\varepsilon\to 0} \fint_{Q_\rho(x_0)} \widehat{f^{\infty,p}}(\varepsilon\nabla u_\varepsilon)\,dx \geq f_0(u(x_0)). \tag{2.35}$$

Soit $0 < \delta < 1$ destiné à tendre vers 1 et $(T_\varepsilon)_\delta = \varepsilon D_\delta(\omega) \times (0,1)$ où $D_\delta(\omega) = \bigcup_{i\in\mathbb{N}}(\omega_i + \hat{B}_{\delta\frac{d}{2}}(0)$. On note $\hat{A} \mapsto \mathcal{S}_{\hat{A}}(\omega, s, \delta)$ le processus sous-additif introduit dans la Section 2.1.3 où $D(\omega_i)$ est remplacé par le disque $D_\delta(\omega_i) := \omega_i + \hat{B}_{\delta\frac{d}{2}}(0)$ et notons $\mathrm{Adm}_{\hat{A}}(\omega, s, \delta)$ l'ensemble admissible associé. On note $C_{\varepsilon,\rho}$ le plus petit cube de $\mathcal{I}$ contenant $\frac{1}{\varepsilon}S_\rho$. Notre stratégie consiste à construire à partir de u_ε une fonction z_ε de moyenne $\fint_{I_\rho} z(\hat{x}, x_3)\,dx_3$ appartenant à $\mathrm{Adm}_{C_{\varepsilon,\rho}}(\omega, u(x_0), \delta)$ et dont le gradient diminue asymtotiquement l'énergie à gauche de l'inégalité (2.35). Dans les quatre étapes qui vont suivre, pour simplifier les notations, nous n'indiquerons pas la dépendance en ρ pour les diverses fonctions de Sobolev successivement construites.

Première modification. Ici on tronque la fonction u_ε en une fonction de Sobolev vérifiant $u_{\varepsilon,\delta} = 0$ dans $(T_\varepsilon)_\delta$ et

$$\fint_{Q_\rho} \mathbf{1}_{Q_\rho\setminus T_\varepsilon}\widehat{f^{\infty,p}}(\varepsilon\hat{\nabla} u_\varepsilon)\,dx \geq \fint_{Q_\rho} \widehat{f^{\infty,p}}(\varepsilon\hat{\nabla} u_{\varepsilon,\delta})\,dx - \beta\left[\frac{\varepsilon^{p\gamma}}{(1-\delta)^p} + \varepsilon^a\right] \tag{2.36}$$

En effet considérons φ dans $C_c^1(S_\rho)$ vérifiant :

$$\begin{cases} \varphi = 0 \text{ dans } \varepsilon D_\delta \\ \varphi = 1 \text{ dans } S_\rho \setminus \varepsilon D \\ |\nabla\varphi|_\infty \leq \frac{1}{\varepsilon(1-\delta)}, \end{cases}$$

et posons $u_{\varepsilon,\delta} = \varphi u_\varepsilon$. On obtient

$$\begin{aligned} \int_{Q_\rho} \widehat{f^{\infty,p}}(\varepsilon\hat{\nabla} u_{\varepsilon,\delta})\,d\hat{x} &= \int_{Q_\rho\setminus T_\varepsilon} \widehat{f^{\infty,p}}(\varepsilon\hat{\nabla} u_\varepsilon)\,d\hat{x} + \int_{(T_\varepsilon\setminus(T_\varepsilon)_\delta)\cap Q_\rho} \widehat{f^{\infty,p}}(\varepsilon\hat{\nabla} u_{\varepsilon,\delta})\,d\hat{x} \\ &\leq \int_{Q_\rho} \widehat{f^{\infty,p}}(\varepsilon\hat{\nabla} u_\varepsilon)\,d\hat{x} + \beta\int_{(T_\varepsilon\setminus(T_\varepsilon)_\delta)\cap Q_\rho} \varepsilon^p\left|\hat{\nabla} u_\varepsilon\right|^p\,d\hat{x} \\ &\quad + \beta\frac{1}{(1-\delta)^p}\int_{(T_\varepsilon\setminus(T_\varepsilon)_\delta)\cap Q_\rho} |u_\varepsilon|^p\,d\hat{x}. \end{aligned}$$

D'où, grâce à l'inégalité de Poincaré et (2.32), (2.33),

$$\int_{Q_\rho} \varepsilon^p \widehat{f^{\infty,p}}(\hat{\nabla} u_{\varepsilon,\delta})\, d\hat{x} \leq \int_{Q_\rho} \varepsilon^p \widehat{f^{\infty,p}}(\hat{\nabla} u_\varepsilon)\, d\hat{x} + \beta \left[\frac{\varepsilon^{p\gamma}}{(1-\delta)^p} + \varepsilon^a \right].$$

On a alors (2.36).

Seconde modification. En utilisant la méthode dite du " slicing" de De Giorgi (voir [3], preuve de la Proposition 11.2.3), il existe $\eta(\varepsilon) \to 0^+$, $\eta(\varepsilon) > \varepsilon$, un $\eta(\varepsilon)$-voisinage $V\eta(\varepsilon) \subset Q_\rho$ de ∂Q_ρ, et une fonction de Sobolev $\tilde{u}_{\varepsilon,\delta}$ régulière sur $\partial S_\rho \times I_\rho$, égale à $u_{\varepsilon,\delta}$ dans $Q_\rho \setminus V\eta(\varepsilon)$, vérifiant

$$⨍_{Q_\rho} \widehat{f^{\infty,p}}(\varepsilon \hat{\nabla} u_{\varepsilon,\delta})\, dx \geq ⨍_{Q_\rho} \widehat{f^{\infty,p}}(\varepsilon \hat{\nabla} \tilde{u}_{\varepsilon,\delta})\, dx - \frac{C(\rho)}{\nu} - r_\varepsilon(\rho) \tag{2.37}$$

où $C(\rho)$ est une constante positive dépendant seulement de ρ, $\lim_{\varepsilon\to 0} r_\varepsilon(\rho) = 0$ et $\nu \in \mathbb{N}$ est le nombre de tranches décomposant $V\eta(\varepsilon)$ et destiné à tendre vers $+\infty$. Notons que la fonction $\tilde{u}_{\varepsilon,\delta}$ reste égale à 0 dans $(T_\varepsilon)_\delta$ puisqu'elle est de la forme $\varphi_{\eta(\varepsilon)} u_{\varepsilon,\delta}$ pour une fonction de troncature appropriée $\varphi_{\eta(\varepsilon)}$.

Troisième modification . Nous modifions $\tilde{u}_{\varepsilon,\delta}$ en une fonction de Sobolev $w_{\varepsilon,\delta}$ de sorte que

$$w_{\varepsilon,\delta} = 0 \text{ dans } (T_\varepsilon)_\delta, \quad w_{\varepsilon,\delta} = 0 \text{ sur } \partial Q_\rho, \quad ⨍_{Q_\rho} w_{\varepsilon,\delta} = u(x_0)$$

et

$$⨍_{Q_\rho} \widehat{f^{\infty,p}}(\varepsilon \hat{\nabla} \tilde{u}_{\varepsilon,\delta})\, dx \geq ⨍_{Q_\rho} \widehat{f^{\infty,p}}(\varepsilon \hat{\nabla} w_{\varepsilon,\delta})\, dx - C \left| u(x_0) - ⨍_{Q_\rho} \mathbf{1}_{Q_\rho \setminus (T_\varepsilon)_\delta} \tilde{u}_{\varepsilon,\delta}\, dy \right|^p. \tag{2.38}$$

En effet, il suffit de considérer

$$w_{\varepsilon,\delta} = \tilde{u}_{\varepsilon,\delta} + \frac{\psi}{⨍_{Q_\rho} \psi\, dx} \Big(u(x_0) - ⨍_{Q_\rho} \mathbf{1}_{Q_\rho \setminus (T_\varepsilon)_\delta} \tilde{u}_{\varepsilon,\delta}\, dy \Big)$$

où $\psi \in \mathcal{C}_c^1(Q_\rho)$ vérifie $\psi = 0$ dans T_ε, $\psi = 0$ sur ∂Q_ρ, $|\nabla \psi|_\infty \leq \frac{C}{\varepsilon}$ et $|\psi|_\infty \leq C$.

Dernière modification. En combinant les estimations (2.36), (2.37) et (2.38) on obtient l'inégalité

$$\begin{aligned} ⨍_{Q_\rho} \widehat{f^{\infty,p}}(\varepsilon \hat{\nabla} u_\varepsilon)\, dx \;&\geq\; ⨍_{Q_\rho} \widehat{f^{\infty,p}}(\varepsilon \hat{\nabla} w_{\varepsilon,\delta})\, dx - \beta \left[\frac{\varepsilon^{p\gamma}}{(1-\delta)^p} + \varepsilon^a \right] - \frac{C(\rho)}{\nu} - r_\varepsilon(\rho) \\ &\quad - C \left| u(x_0) - ⨍_{Q_\rho} \mathbf{1}_{Q_\rho \setminus (T_\varepsilon)_\delta} \tilde{u}_{\varepsilon,\delta}\, dy \right|^p. \end{aligned}$$

Posons $z_{\varepsilon,\delta}(y) := w_{\varepsilon,\delta}(\varepsilon y)$. Le changement d'échelle d'ordre $\frac{1}{\varepsilon}$ donne

$$\fint_{Q_\rho} \widehat{f^{\infty,p}}(\varepsilon\hat{\nabla} u_\varepsilon)\,dx \geq \fint_{\frac{1}{\varepsilon}Q_\rho} \widehat{f^{\infty,p}}(\hat{\nabla} z_{\varepsilon,\delta})\,dx - \beta\left[\frac{\varepsilon^{p\gamma}}{(1-\delta)^p} + \varepsilon^a\right] - \frac{C(\rho)}{\nu} - r_\varepsilon(\rho)$$

Prolongeons $z_{\varepsilon,\delta}$ par 0 dans $\mathbb{R}^3 \setminus \frac{1}{\varepsilon}S_\rho$. Nous obtenons alors la fonction $\tilde{z}_{\varepsilon,\delta}$ définie par

$$\tilde{z}_{\varepsilon,\delta}(\hat{x}) := \frac{|C_{\varepsilon,\rho}|}{\left|\frac{1}{\varepsilon}S_\rho\right|} \fint_{I_\rho} z_{\varepsilon,\delta}(\hat{x}, x_3)\,dx_3$$

appartient à $\mathrm{Adm}_{C_{\varepsilon,\rho}}(\omega, u(x_0), \delta)$. Par conséquent, en utilisant l'inégalité de Jensen et l'homogénéité d'ordre p de $\widehat{f^{\infty,p}}$ on obtient

$$\begin{aligned}\fint_{Q_\rho} \widehat{f^{\infty,p}}(\varepsilon\hat{\nabla} u_\varepsilon)\,dx \geq\; & \Big(\frac{|C_{\varepsilon,\rho}|}{\left|\frac{1}{\varepsilon}S_\rho\right|}\Big)^p \frac{\mathcal{S}_{C_{\varepsilon,\rho}}(\omega, u(x_0), \delta)}{|C_{\varepsilon,\rho}|} - \beta\left[\frac{\varepsilon^{p\gamma}}{(1-\delta)^p} + \varepsilon^a\right] - \frac{C(\rho)}{\nu} - r_\varepsilon(\rho) \\ & -C\left|u(x_0) - \fint_{Q_\rho} \mathbf{1}_{Q_\rho\setminus(T_\varepsilon)_\delta}\tilde{u}_{\varepsilon,\delta}\,dy\right|^p. \qquad (2.39)\end{aligned}$$

Il est clair que de (2.34) on a pour presque tout x_0 de $\mathcal{O}$

$$\lim_{\rho\to 0}\lim_{\delta\to 1}\lim_{\varepsilon\to 0}\left|u(x_0) - \fint_{Q_\rho} \mathbf{1}_{Q_\rho\setminus(T_\varepsilon)_\delta}\tilde{u}_{\varepsilon,\delta}\,dy\right|^p = 0.$$

Or,

$$\lim_{\varepsilon\to 0}\frac{|C_{\varepsilon,\rho}|}{\left|\frac{1}{\varepsilon}S_\rho\right|} = 1$$

par conséquent par les Théorèmes 2.1.1, et 1.2.5 (voir également l'exemple 1.2.2 dans le Chapitre 1) , on obtient pour P-presque tout $\omega \in \Omega$ et pour tout $\rho > 0$

$$\lim_{\delta\to 1}\lim_{\varepsilon\to 0}\frac{\mathcal{S}_{C_{\varepsilon,\rho}}(\omega, u(x_0), \delta)}{|C_{\varepsilon,\rho}|} = \lim_{\varepsilon\to 0}\frac{\mathcal{S}_{C_{\varepsilon,\rho}}(\omega, u(x_0))}{|C_{\varepsilon,\rho}|} = f_0(u(x_0)). \qquad (2.40)$$

En faisant successivement tendre $\varepsilon \to 0$, $\delta \to 1$, $\nu \to \infty$ et $\rho \to 0$ dans (2.39), on a pour P-presque tout $\omega \in \Omega$ et pour presque tout $x_0 \in \mathcal{O}$,

$$\lim_{\rho\to 0}\liminf_{\varepsilon\to 0}\fint_{Q_\rho} \widehat{f^{\infty,p}}(\varepsilon\nabla u_\varepsilon)\,dx \geq f_0(u(x_0))$$

ce qui termine la preuve.

Preuve de la borne inférieure (2.31).

On se fixe ω dans l'ensemble Ω" de probabilité 1 obtenu par la Proposition 1.2.2. Nous affirmons que $\liminf_{\varepsilon\to 0} G_\varepsilon(u_\varepsilon) < +\infty$. En effet, par le principe de dualité de Moreau-Rockafellar on a pour tout ϕ dans $L^q(\mathcal{O},\mathbb{R})$:

$$\begin{aligned}
\liminf_{\varepsilon\to 0} G_\varepsilon(u_\varepsilon) &= \liminf_{\varepsilon\to 0} \varepsilon^{p-a}\int_{\mathcal{O}} a(\omega,\frac{\hat{x}}{\varepsilon})g^{\infty,p}(\hat{\nabla}u_\varepsilon,\frac{1}{\varepsilon^p}\frac{\partial u_\varepsilon}{\partial x})dx\\
&\geq \liminf_{\varepsilon\to 0}\int_{\mathcal{O}} a(\omega,\frac{\hat{x}}{\varepsilon})(g^{\infty,p})^{\perp}(\varepsilon^{-\gamma}\frac{\partial u_\varepsilon}{\partial x_3})dx\\
&\geq \liminf_{\varepsilon\to 0}\Big(\int_{\mathcal{O}} a(\omega,\frac{\hat{x}}{\varepsilon})\phi.\varepsilon^{-\gamma}\frac{\partial u_\varepsilon}{\partial x_3}dx - \int_{\mathcal{O}} a(\omega,\frac{\hat{x}}{\varepsilon})(g^{\infty,p})^{\perp,*}(\phi)dx\Big)\\
&= \int_{\mathcal{O}}\phi.\frac{\partial v}{\partial x_3}dx - \theta\int_{\mathcal{O}}(g^{\infty,p})^{\perp,*}(\phi)dx\\
&= \theta\left[\int_{\mathcal{O}}\frac{1}{\theta}\phi\frac{\partial v}{\partial x_3}dx - \int_{\mathcal{O}}(g^{\infty,p})^{\perp,*}(\phi)dx\right].
\end{aligned}$$

En prenant le supremum sur toutes les fonctions ϕ de $L^q(\mathcal{O},\mathbb{R}^3)$ nous avons

$$\begin{aligned}
\liminf_{\varepsilon\to 0} G_\varepsilon(u_\varepsilon) &\geq \theta\sup_{\phi\in L^q(\mathcal{O})}\left[\int_{\mathcal{O}}\frac{1}{\theta}\phi\frac{\partial v}{\partial x_3}dx - \int_{\mathcal{O}}(g^{\infty,p})^{\perp,*}(\phi)dx\right]\\
&= \theta\int_{\mathcal{O}}(g^{\infty,p})^{\perp}(\frac{1}{\theta}\frac{\partial v}{\partial x_3})dx = \theta^{1-p}\int_{\mathcal{O}}(g^{\infty,p})^{\perp}(\frac{\partial v}{\partial x_3})dx
\end{aligned}$$

ce qui complète la preuve. □

2.2.4 Preuve du Corolaire 2.1.2

En appliquant la propriété variationnelle de la convergence établie dans le Théorème 2.1.2, par un calcul simple des équations d' Euler associées au problème de minimisation, on obtient $\min\big\{E_0(u,v) : (u,v)\in L^p(\mathcal{O},\mathbb{R}^3)\times V_0(\mathcal{O},\mathbb{R}^3)\big\}$:

$$\begin{cases}
\partial f_0(\overline{\overline{u}}(\hat{x})) \ni \int_0^1 L(\hat{x},s)\,ds,\\[2mm]
-\frac{\partial}{\partial x_3}\Big(\frac{d g^{\infty,p})^{\perp}}{ds}(\frac{\partial v}{\partial x_3})\Big) = 0 \text{ dans } \mathcal{O},\\[2mm]
v(\hat{x},0) = 0 \text{ sur } \widehat{\mathcal{O}}\times\{0\},\\[2mm]
D(g^{\infty,p})^{\perp}(\frac{\partial v}{\partial x_3}).e_3 = \theta^{p-1}\tilde{l} \text{ sur } \widehat{\mathcal{O}}\times\{1\}.
\end{cases}$$

Il nous suffit alors d'utiliser la propriété des sous-différentiels suivante :

$$a^*\in\partial f_0(a) \iff a\in\partial f_0^*(a^*).$$

2.2.5 Preuve de la Proposition 2.1.2

Démonstration. Clairement $\hat{A} \mapsto \mathcal{S}_{\hat{A}}$ est un processus déterministe et grâce à la périodicité de la répartition des fibres, la propriété de covariance devient $\mathcal{S}_{\hat{A}+z} = \mathcal{S}_{\hat{A}}$ pour tout $z \in \mathbf{Z}^2$. On a donc

$$f_0(\xi) = \inf_{n\in\mathbb{N}^*} \Big(\frac{\mathcal{S}_{(0,n)^2}(\xi)}{n^2}\Big). \tag{2.41}$$

Fixons $\xi \in \mathbb{R}^3$. Nous établissons dans un premier temps l'inégalité

$$f_0(\xi) \geq \inf\left\{\int_{\hat{Y}} \widehat{f^{\infty,p}}(\nabla w)\, d\hat{y} : w \in W^{1,p}_{\#}(\hat{Y},\mathbb{R}^3),\ \int_{\hat{Y}} w\, d\hat{y} = \xi,\ w = 0 \text{ sur } D.\right\} \tag{2.42}$$

Soit $n \in \mathbb{N}^*$ fixée, $\psi \in Adm_{n\hat{Y}}(\xi)$ quelconque et $w_{\#}$ solution du problème de minimisation

$$\min\left\{\int_{\hat{Y}} \widehat{f^{\infty,p}}(\nabla w)\, d\hat{y} : w \in W^{1,p}_{\#}(\hat{Y},\mathbb{R}^3),\ \int_{\hat{Y}} w\, d\hat{y} = \xi,\ w = 0 \text{ sur } D\right\}.$$

Notons λ le multiplicateur de Lagrange associé à la contrainte $\int_{\hat{Y}} w\, d\hat{y} = \xi$ de l'ensemble admissible de (2.42), l'équation d'Euler du problème (2.42) s'écrit

$$\begin{cases} -\mathrm{div}\,(\partial\widehat{f^{\infty,p}})(\nabla w_{\#}) = \lambda w_{\#} \text{ dans } \hat{Y}, \\ w_{\#} \in W^{1,p}_{\#}(\hat{Y},\mathbb{R}^3), \\ \int_{\hat{Y}} w_{\#} d\hat{y} = \xi. \end{cases} \tag{2.43}$$

Le prolongé par périodicité de $w_{\#}$, encore noté $w_{\#}$ vérifie alors

$$\begin{cases} -\mathrm{div}\,(\partial\widehat{f^{\infty,p}})(\nabla w_{\#}) = \lambda w_{\#} \text{ dans } n\hat{Y}, \\ w_{\#} \in W^{1,p}_{\#}(n\hat{Y},\mathbb{R}^3), \\ \fint_{n\hat{Y}} w_{\#} d\hat{y} = \xi. \end{cases} \tag{2.44}$$

Par inégalité sous-différentielle, nous avons [2]

$$\begin{aligned} \fint_{n\hat{Y}} \widehat{f^{\infty,p}}(\nabla\psi(x))dx &\geq \fint_{n\hat{Y}} \widehat{f^{\infty,p}}(\nabla w_{\#}(x))dx + \fint_{n\hat{Y}} \partial\widehat{f^{\infty,p}}(\nabla w_{\#}(x)).(\nabla\psi(x) - \nabla w_{\#}(x))dx \\ &= \int_{\hat{Y}} \widehat{f^{\infty,p}}(\nabla w_{\#}(x))dx + \fint_{n\hat{Y}} \partial\widehat{f^{\infty,p}}(\nabla w_{\#}(x)).(\nabla\psi(x) - \nabla w_{\#}(x))dx. \end{aligned}$$

2. Pour alléger les notations, on note abusivement $\partial\widehat{f^{\infty,p}}(\nabla w_{\#}(x))$ pour désigner un élément de l'ensemble $\partial\widehat{f^{\infty,p}}(\nabla w_{\#}(x))$

Afin d'établir l'inégalité (2.42) il nous suffit de montrer que le second terme du membre de droite est nul. Par intégration par partie nous avons

$$\begin{aligned}\fint_{n\hat{Y}} \partial\widehat{f^{\infty,p}}(\nabla w_{\#}(x)).(\nabla\psi(x) - \nabla w_{\#}(x))dx &= \\ &- \fint_{n\hat{Y}} div(\partial\widehat{f^{\infty,p}}(\nabla w_{\#}(x))).(\psi(x) - w_{\#}(x))dx \\ &+ \fint_{\partial(n\hat{Y})} \partial\widehat{f^{\infty,p}}(\nabla w_{\#}(x))\nu.(\psi(x) - w_{\#}(x))dx\end{aligned}$$

où ν est le vecteur unitaire normal sortant de $n\hat{Y}$. Comme $\partial\widehat{f^{\infty,p}}(\nabla w_{\#}(x)).\nu$ est antipèriodique on a

$$\fint_{\partial(n\hat{Y})} \partial\widehat{f^{\infty,p}}(\nabla w_{\#}(x))\nu.(\psi(x) - w_{\#}(x))dx = 0.$$

D'autre part, en utilisant (2.44), le fait que $\psi \in Adm_{n\hat{Y}}(\xi)$, et la périodicité de $w_{\#}$ nous avons

$$\begin{aligned}\fint_{n\hat{Y}} div(\partial\widehat{f^{\infty,p}}(\nabla w_{\#}(x))).(\psi(x) - w_{\#}(x))dx &= \fint_{n\hat{Y}} \lambda.(\psi(x) - w_{\#}(x))dx \\ &= \fint_{n\hat{Y}} \lambda.\psi(x)dx - \fint_{n\hat{Y}} \lambda.w_{\#}(x)dx \\ &= \lambda.\xi - \lambda.\xi\end{aligned}$$

D'où l'inégalité (2.42) voulue.

Nous allons établir l'inégalité

$$f_0(\xi) \leq \inf\left\{\int_{\hat{Y}} \widehat{f^{\infty,p}}(\nabla w)\, d\hat{y} : w \in W^{1,p}_{\#}(\hat{Y}, \mathbb{R}^3),\ \int_{\hat{Y}} w\, d\hat{y} = \xi,\ w = 0 \text{ sur } D\right\} \tag{2.45}$$

Soit $w_{\#}$ solution du problème de minimisation

$$\min\left\{\int_{\hat{Y}} \widehat{f^{\infty,p}}(\nabla w)\, d\hat{y} : w \in W^{1,p}_{\#}(\hat{Y}, \mathbb{R}^3),\ \int_{\hat{Y}} w\, d\hat{y} = \xi,\ w = 0 \text{ sur } D\right\}. \tag{2.46}$$

Prolongeons comme précédemment la fonction $w_{\#}$ par $\hat{Y}$-périodicité dans tout $\mathbb{R}^2$. On obtient alors une fonction encore notée $w_{\#}$ dans $W^{1,p}_{loc}(\mathbb{R}^2, \mathbb{R}^3)$. Pour tout $n \in \mathbb{N}$, et pour tout $\hat{x} \in \mathbb{R}^2$, on pose $w_n(\hat{x}) := w_{\#}(n\hat{x})$.

On utilise maintenant le résultat de la Proposition 2.2.2 : pour tout $u \in L^p(\mathcal{O}, \mathbb{R}^3)$, et pour toute suite $(u_\varepsilon)_{\varepsilon>0}$ telle que $u_\varepsilon \rightharpoonup u$ dans $L^p(\mathcal{O}, \mathbb{R}^3)$, on a

$$\int_{\hat{\mathcal{O}}} f_0(u)d\hat{x} \leq \liminf_{\varepsilon\to 0} \int_{\mathcal{O}\setminus T_\varepsilon(\omega)} \widehat{f^{\infty,p}}(\varepsilon\nabla u_\varepsilon)dx.$$

Nous utilisons cette estimation avec

$$\varepsilon = \frac{1}{n}, \quad \mathcal{O} = \hat{Y} \times (0,1), \quad w_n = u_\varepsilon \text{ et } u = \xi.$$

Il est clair que la périodicité de w_n entraine la convergence faible $w_n \rightharpoonup ⨍_{\hat{Y}} w_\# = \xi$ dans $L^p(\hat{Y} \times (0,1), \mathbb{R}^3)$. Puisque $w_n = 0$ dans D, nous obtenons donc,

$$\begin{aligned}\int_{\hat{Y}} f_0(u)d\hat{x} = f_0(\xi) &\leq \liminf_{\varepsilon \to 0} \int_0^1 \int_{\hat{Y}} \widehat{f^{\infty,p}}(\frac{1}{n}\nabla w_n(\hat{x}))d\hat{x}\, dx_3 \\ &= \liminf_{\varepsilon \to 0} \int_{\hat{Y}} \widehat{f^{\infty,p}}(\nabla w_\#(n\hat{x}))d\hat{x}\end{aligned}$$

Le changement de variable $n\hat{x} = y$ donne alors

$$\begin{aligned}f_0(\xi) &\leq \liminf_{\varepsilon \to 0} \frac{1}{n^2} \int_{n\hat{Y}} \widehat{f^{\infty,p}}(\nabla w_\#(y))dy \\ &= \liminf_{\varepsilon \to 0} \int_{\hat{Y}} \widehat{f^{\infty,p}}(\nabla w_\#(y))dy \\ &= \int_{\hat{Y}} \widehat{f^{\infty,p}}(\nabla w_\#(y))dy\end{aligned}$$

ce qui termine la preuve, puisque la fonction $w_\#$ est un minimiseur de (2.46). □

Les preuves des Corollaires 2.1.3 et 2.1.4 sont immédiates.

RECONSTRUCTION 3D DE LA STRUCTURE INITIALE. 3

Résumé :

Notre stratégie de modélisation d'un matériau de type Texsol, consiste dans un premier temps à décomposer notre structure $\mathcal{O}$ en n plaques suivant la direction x_3. Puis on applique à chacun des sous domaines le résultat d'homogénéisation obtenu dans le Chapitre 2. On obtient n problèmes 2D d'un matériau homogène. Dans ce chapitre, nous reconstruisons notre structure 3D en "recolant" ces n problèmes 2D et nous passons à la limite en n de manière variationnelle. On obtient ainsi un problème limite homogène et déterministe équivalent.

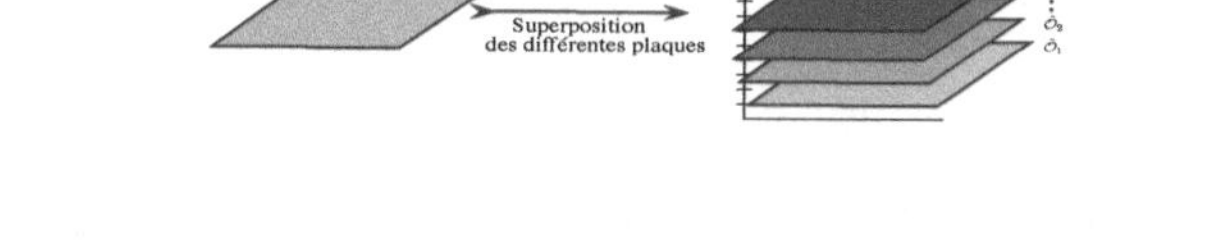

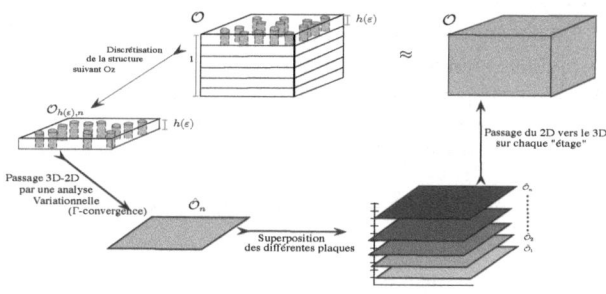

FIGURE 3.1 – *Stratégie de modélisation variationnelle.*

3.1 Contexte

On suppose que f et g vérifient toutes les hypothèses du Chapitre 2 et on notera encore g la fonction $(g^{\infty,p})^{\perp}$. On considère le domaine $\mathcal{O} := \hat{\mathcal{O}} \times (0,1)$ de $\mathbb{R}^3$ dont la base est $\hat{\mathcal{O}} \subset \mathbb{R}^2$. On divise $\mathcal{O}$ en n plaques suivant x_3, plus précisément on décompose $\mathcal{O}$ de la manière suivante :

$$\Big|\mathcal{O} \setminus \hat{\mathcal{O}} \times \Big(\bigcup_{k=0}^{n-1} \Big]\frac{k}{n}, \frac{k+1}{n}\Big[\Big)\Big| = 0.$$

Comme pour le Chapitre 2 on peut supposer que les fibres sont verticales dans chaque tranche. À chaque niveau x_3 les sections des fibres sont aléatoirement réparties dans le plan horizontal comme précisé dans le chapitre 2, et avec une probabilité dépendant éventuellement de x_3 et que nous noterons $\mathbf{P}_{x_3}$.

Sur le champ de mesures $x_3 \mapsto \mathbf{P}_{x_3}$ nous faisons l'hypothèse suivante : pour toute variable aléatoire $X \in L^1_{\mathbf{P}_{x_3}}(\Omega)$, l'application $x_3 \mapsto \int_\Omega X(\omega)\, d\mathbf{P}_{x_3}(\omega)$ est continue de $(0,1)$ dans $\mathbb{R}$. Remarquons que cette hypothèse entraîne la continuité de la fraction volumique asymptotique des fibres, i.e., la fonction θ définie par

$$x_3 \mapsto \theta(x_3) := \int_\Omega |\hat{Y} \cap D(\omega)|\, d\mathbf{P}_{x_3}$$

est continue sur $(0,1)$.

Le matériau est soumis à un chargement $\mathcal{L}_n(x_3)$ vérifiant $\sup_{n\in\mathbb{N}} \|\mathcal{L}_n\|_{L^q(\mathcal{O},\mathbb{R}^3)} < +\infty$ (on pose $\frac{1}{n} := \varepsilon^p$). On suppose de plus qu'il existe $L \in W^{1,\infty}(\hat{\mathcal{O}} \times \mathbb{R}, \mathbb{R}^3)$ tel que $\mathcal{L}_n(x) \approx nL(\hat{x}, nx_3)$.

On obtient alors par le Chapitre 2, pour chaque domaine $\hat{\mathcal{O}} \times \Big(\bigcup_{k=0}^{n-1} \Big]\frac{k}{n}, \frac{k+1}{n}\Big[\Big)$ un problème limite 2D déterministe variationnellement équivalent. Dans la section suivante, par sommation, nous proposons pour le matériau occupant $\mathcal{O}$ une énergie déterministe et discrète par rapport à la variable x_3. Avant cela précisons les notations suivantes :

$$u \in \mathit{Step}_{3,n}(\mathcal{O}, \mathbb{R}^3) \Leftrightarrow u(x) = \sum_{k=0}^{n-1} u(\hat{x}, \frac{k}{n}) 1_{[\frac{k}{n}, \frac{k+1}{n}[}(x_3)$$

$$u(., \frac{k}{n}) \in L^p(\hat{\mathcal{O}}_k, \mathbb{R}^3),\ \hat{\mathcal{O}}_k := \hat{\mathcal{O}} \times \{\frac{k}{n}\}.$$

On définit la densité d'énergie suivante pour tout $s \in \mathbb{R}^3$ et tout $x_3 \in \mathbb{R}$:

$$f_0(x_3, s) := \inf_{m\in\mathbb{N}^*} \mathbf{E}_{x_3} \frac{S_{[0,m[^2}}{m^2}(\omega, s) := \inf_{m\in\mathbb{N}^*} \int_\Omega \frac{S_{[0,m[^2}}{m^2}(\omega, s) d\mathbf{P}_{x_3}(\omega),$$

où S est le processus défini dans le Chapitre 2.

La connexion entre les plaques est faite par l'intermédiaire de la fonction $\overline{u}_{k-1}$ définie par

$$\overline{u}_k := \begin{cases} \partial f_0^*(\frac{k}{n}, \overline{L}(\hat{x}, \frac{k}{n})) \text{ si } k = 1, \dots, n, \\ 0 \text{ si } k = -1, \end{cases}$$

$$\overline{L}(\hat{x}, \frac{k}{n}) := \int_k^{k+1} L(\hat{x}, t)\, dt.$$

Notons que pour $k > 1$, la fonction $\overline{u}_{k-1}$ est solution du problème $2D$ limite relatif au domaine $\hat{\mathcal{O}} \times]\frac{k-2}{n}, \frac{k-1}{n}[$, adjacent au domaine $\hat{\mathcal{O}} \times]\frac{k-1}{n}, \frac{k}{n}[$, et que $\bar{u}_{-1} = 0$ signifie que le corps est fixé à sa base $\hat{\mathcal{O}} \times \{0\}$. Pour notre modélisation, nous avons besoin que $\bar{u}_k \in W^{1,p}(\hat{\mathcal{O}}, \mathbb{R}^3)$ (cf corollaire 2.1.4). Pour cela, nous supposerons que f est donnée de sorte que f_0^* vérifie pour tout $s \in \mathbb{R}^3 : s \mapsto f_0^*(x_3, s)$ 2 fois différentiable et il existe une constante $C > 0$ telle que

$$\begin{aligned} |(f_0^*)^{(2)}(x_3, s^*)| &\leq C|s^*|^{q-2} \\ (&\leq C[1 + |s^*|^{q-1}]) \end{aligned} \tag{3.1}$$

où C est une constante positive dépendant de β'. Par conséquent, nous avons

$$\begin{aligned} \int_{\hat{\mathcal{O}}} |\nabla \bar{u}_k(\hat{x})|^p d\hat{x} &\leq C\Big[1 + \int_{\hat{\mathcal{O}}} |\bar{L}(\hat{x}, \frac{k}{n})|^{(q-1)p} |\frac{\partial \bar{L}}{\partial \hat{x}}(\hat{x}, \frac{k}{n})|^p d\hat{x}\Big] \\ &\leq C\Big[1 + \int_{\hat{\mathcal{O}}} |\bar{L}(\hat{x}, \frac{k}{n})|^q d\hat{x}\Big] \\ &\leq C\Big[1 + \int_{\hat{\mathcal{O}}} \int_k^{k+1} |L(\hat{x}, t)|^q dt\, d\hat{x}\Big] \\ &\leq C\Big[1 + \int_{\mathcal{O}} |\mathcal{L}_n(x)|^q dx\Big] < +\infty, \end{aligned}$$

d'où, $\bar{u}_k \in W^{1,p}(\hat{\mathcal{O}}, \mathbb{R}^3)$.

On peut donner comme exemple de fonction f telle que f_0^* vérifie cette condition de differentiabilité toute fonction f vérifiant les hypothèses du Chapitre 2, telle que $\widehat{f^{\infty,2}}(s) = \beta|s|^2$ (avec $\beta \in \mathbb{R}$). Pour une démonstration, nous renvoyons au Chapitre 5 Proposition 5.1.1.

3.2 DESCRIPTION DU PROBLÈME DISCRET

Dans le but de reconstruire une structure 3D par "recollement" des n problèmes 2-dimensionnels obtenus dans le Chapitre 2, nous somme amené à considérer l'énergie discrète suivante définie dans $L^p(\mathcal{O}, \mathbb{R}^3)$ (cf Corollaire 2.1.3

et Corollaire 2.1.4) :

$$E_n(u) = \begin{cases} \displaystyle\sum_{k=0}^{n-1} \frac{1}{n}\Big(\int_{\hat{\mathcal{O}}} f_0(u(\hat{x}, \frac{k}{n}), \frac{k}{n}) d\hat{x} - \int_{\hat{\mathcal{O}}} \overline{L}(\hat{x}, \frac{k}{n}).u(\hat{x}, \frac{k}{n})\, d\hat{x}\Big) - R_n \text{ si } u \in Step_{3,n}(\mathcal{O}, \mathbb{R}^3) \\ +\infty \text{ sinon.} \end{cases}$$

où

$$R_n := \frac{1}{n}\sum_{k=0}^{n-1} \int_{\hat{\mathcal{O}}} (1 - \theta(\frac{k}{n}))\overline{L}(\hat{x}, \frac{k}{n})\overline{u}_{k-1} d\hat{x}.$$

Il est commode de donner une expression "continue" de l'énergie E_n. Pour cela nous posons :

$$\begin{aligned} \widetilde{f_0^n}(x_3, s) &:= f_0(\frac{k}{n}, s) \quad \text{si } x_3 \in [\frac{k}{n}, \frac{k+1}{n}[, \\ \widetilde{\theta}(x_3) &:= \theta(\frac{k}{n}) \quad \text{si } x_3 \in [\frac{k}{n}, \frac{k+1}{n}[, \\ \widetilde{L}^n(x) &:= L(\hat{x}, \frac{k}{n}) \quad \text{si } x_3 \in [\frac{k}{n}, \frac{k+1}{n}[, \end{aligned}$$

On a alors l'expression "continue" de E_n

$$E_n(u) = \begin{cases} \displaystyle\int_{\mathcal{O}} \widetilde{f_0^n}(x_3, u(x))dx - \int_{\mathcal{O}} \widetilde{L}^n(x).u(x)dx - R_n \text{ si } u \in Step_{3,n}(\mathcal{O}, \mathbb{R}^3) \\ +\infty \text{ sinon.} \end{cases}$$

On vérifie aisément que la fonction $\widetilde{f_0^n}$ satisfait la condition standard de croissance d'ordre $p > 1$ uniforme en x_3 suivante : il existe deux constantes positives α et β indépendantes de n, telles que pour tout ζ de $\mathrm{M}^{3\times 3}$

$$\alpha|\zeta|^p \leq \widetilde{f_0^n}(x_3, \zeta) \leq \beta(1 + |\zeta|^p). \tag{3.2}$$

Pour tout x_3 fixé de $(0, 1)$, on remarquera grâce à la Proposition 2.1.1 du Chapitre 2 que f_0 vérifie la propriété de type Lipschitz

$$|f_0(x_3, s) - f_0(x_3, s')| \leq \ell|s - s'|(1 + |s|^{p-1} + |s'|^{p-1}) \tag{3.3}$$

pour tout $(s, s') \in \mathbb{R}^3$ où ℓ est une constante positive indépendante de x_3. On supposera d'autre part, quitte à prendre sa fonction de récession, que g est une fonction positive homogène d'ordre p.

3.3 CONVERGENCE DU PROBLÈME DISCRET

Pour toute fonction bornée $h : \mathbb{R}^N \to \mathbb{R}$ nous introduisons maintenant ses approximations inférieures et supérieures λ-Lipschitziennes.

Lemme 3.3.1. *Soit $h : \mathbb{R}^N \to \mathbb{R}$ bornée et semi-continue supérieurement et $\lambda > 0$. Alors la régularisation h^λ définie par*

$$h^\lambda(x) = \sup_{t \in \mathbb{R}^N} \{h(t) - \lambda|x - t|\}$$

vérifie les propriétés suivantes :

i) $|h^\lambda(x) - h^\lambda(x')| \leq \lambda|x - x'|$ *por tout x et tout x' de $\mathbb{R}^N$;*
ii) $h \leq h^\lambda$ *et $(h^\lambda)_{\lambda>0}$ est décroissante ;*
iii) $\lim_{\lambda \to +\infty} h^\lambda = h$.

Soit $h : \mathbb{R}^N \to \mathbb{R}$ bornée et semi-continue inférieurement. Alors la régularisation (de Baire) h_λ définie par

$$h_\lambda(x) = \inf_{t \in \mathbb{R}^N} \{h(t) + \lambda|x - t|\}$$

vérifie les propriétés suivantes :

i)' $|h_\lambda(x) - h_\lambda(x')| \leq \lambda|x - x'|$ *por tout x et tout x' de $\mathbb{R}^N$;*
ii)' $h \geq h_\lambda$ *et $(h_\lambda)_{\lambda>0}$ est croissante ;*
iii)' $\lim_{\lambda \to +\infty} h_\lambda = h$.

Démonstration. Nous démontrons seulement i), ii) et iii), les preuves de i)', ii)' et iii') s'en déduisent en posant $\tilde{h} = -h$ (Voir aussi [3] : Théorème 9.2.1 pour une preuve directe).
De l'inégalité triangulaire $|x - t| \leq |x - x'| + |x' - t|$ on déduit

$$h(t) - \lambda|x - t| \geq h(t) - \lambda|x' - t| - \lambda|x' - x|$$

et donc en passant au sup en t

$$h^\lambda(x) \geq h^\lambda(x') - \lambda|x - x'|$$

d'où $h^\lambda(x) - h^\lambda(x') \geq -\lambda|x - x'|$. En faisant jouer des rôles symétriques à x et x' on obtient $h^\lambda(x) - h^\lambda(x') \leq \lambda|x - x'|$ ce qui prouve l'assertion i). L'assertion ii) est immédiate. L'hypothèse de semi-continuité supérieure sert uniquement dans la preuve de iii). En effet, nous avons déjà, sans hypothèse sur h,

$$h^\lambda \geq h \Longrightarrow \lim_{\lambda \to +\infty} h^\lambda(x) \geq h(x).$$

Soit d'autre part $\varepsilon_\lambda > 0$ vérifiant $\varepsilon_\lambda \to 0$ lorsque $\lambda \to +\infty$ et considérons t_λ vérifiant

$$h^\lambda(x) \leq h(t_\lambda) - \lambda|x - t_\lambda| + \varepsilon_\lambda. \tag{3.4}$$

Par le fait que h est bornée on déduit

$$|x - t_\lambda| \leq \frac{C}{\lambda} + \frac{\varepsilon_\lambda}{\lambda}$$

et donc $t_\lambda \to x$. On déduit alors de (3.4) et de la semi-continuité supérieure de h

$$\lim_{\lambda \to +\infty} h^\lambda(x) \leq \limsup_{t_\lambda \to x} h(t_\lambda) \leq h(x)$$

ce qui termine la preuve du lemme. □

Par la suite, nous aurons à appliquer ce lemme à la fonction $h = f_0(., s)$. En effet nous avons les résulats suivants (Lemme 3.3.2 et Lemme 3.3.3), de type Lusin, compensant le défaut de continuité de $x_3 \mapsto f_0(., x_3)$.

Lemme 3.3.2. *Pour tout $s \in \mathbb{R}^3$ fixé, la fonction $f_0(., s) : (0, 1) \to \mathbb{R}$ est semi-continue supérieurement.*

Démonstration. Pour tout $s \in \mathbb{R}^3$ fixé, grâce à l'hypothèse faite sur $x_3 \mapsto \mathbf{P}_{x_3}$, la fonction $x_3 \mapsto \Phi_n(x_3) := \int_\Omega \frac{\mathcal{S}_{n\hat{Y}}(\omega,s)}{n^2}\, d\mathbf{P}_{x_3}$ est continue. Comme $f_0(., s) = \inf_{n \in \mathbb{N}^*} \Phi_n$, la fonction $f_0(., s)$ est donc semi-continue supérieurement. □

Lemme 3.3.3. *Pour tout $\varepsilon > 0$, il existe un sous ensemble compact $K_\varepsilon \subset [0, 1]$ vérifiant $|[0, 1] \backslash K_\varepsilon| < \varepsilon$, tel que pour tout $s \in \mathbb{R}^3$, la restriction de $f_0(., s)$ à K_ε est continue.*

Démonstration. Soit $D = \{s_1, s_2, \ldots, s_i, \ldots\} \subset \mathbb{R}^3$ un ensemble dénombrable dense dans $\mathbb{R}^3$. Pour $\varepsilon > 0$, par le théorème de Lusin, pour chaque $s_i \in D$, il existe un ensemble compact $K_{i,\varepsilon} \subset [0, 1]$ tel que $|[0, 1] \setminus K_{i,\varepsilon}| < \frac{\varepsilon}{2^i}$ et $x_3 \mapsto f_0(x_3, s_i)$ est continue sur $K_{i,\varepsilon}$.
Posons $K_\varepsilon = \cap_{i \in \mathbb{N}} K_{i,\varepsilon}$, il est clair que K_ε est compact, et que pour tout $s_i \in D$, la fonction $x_3 \mapsto f_0(x_3, s)$ est continue sur $K_{i,\varepsilon}$ et

$$|[0, 1] \backslash K_\varepsilon| \leq \sum_{n=1}^{\infty} |[0, 1] \backslash K_{i,\varepsilon}| < \varepsilon.$$

Pour terminer la preuve, nous devons obtenir la continuité de $x_3 \mapsto f_0(x_3, s)$ sur K_ε quel que soit s de $\mathbb{R}^3$.
Remarquons que la fonction $s \mapsto f_0(x_3, s)$ vérifie la propriété (4.2) avec une constante de Lipchitz ne dépendant pas de x_3. De plus, par densité, pour tout $s \in \mathbb{R}^3$ et pour tout $\delta > 0$ il existe $s_i \in D$ vérifiant $|s - s_i| < \delta$.

Soit donc $s \in \mathbb{R}^3$ et $(x_3, x'_3) \in K_\varepsilon \times K_\varepsilon$, avec ces deux propriétés, on obtient l'existence d' une constante positive C vérifiant

$$\begin{aligned} |f_0(x_3, s) - f_0(x'_3, s)| &\leq |f_0(x_3, s) - f_0(x_3, s_i)| + |f_0(x'_3, s_i) - f_0(x'_3, s)| \\ &\quad + |f_0(x_3, s_i) - f_0(x'_3, s_i)| \\ &\leq C|s - s_i|[1 + |s|^{p-1}] + |f_0(x'_3, s_i) - f_0(x'_3, s_i)| \\ &\leq C\delta[1 + |s|^{p-1}] + |f_0(x'_3, s_i) - f_0(x'_3, s_i)| \end{aligned}$$

Pour conclure, nous utilisons la continuité de $x_3 \mapsto f_0(x_3, s)$ sur K_ε : quand $x_3' \to x_3$, on a $|f_0(x_3, s_i) - f_0(x_3', s_i)| \to 0$. Il suffit ensuite de passer à la limite lorsque $\delta \to 0$. □

Lemme 3.3.4. *Supposons que* $\sup_{n\in\mathbb{N}} \|\mathcal{L}_n\|_{L^q(\mathcal{O},\mathbb{R}^3)} < +\infty$. *Alors* $\lim_{n\to+\infty} R_n = 0$ *et* $\sum_{k=0}^{n-1} \overline{u}_{k-1} 1_{[\frac{k}{n}, \frac{k+1}{n}[} \to 0$ *dans* $L^p(\mathcal{O}, \mathbb{R}^3)$.

Démonstration. En utilisant l'inégalité de Young $ab \leq \frac{1}{q}a^q + \frac{1}{p}b^p$ ainsi que l'estimation précédente on a

$$\begin{aligned} |\overline{L}(\hat{x}, \frac{k}{n})\overline{u}_{k-1}| &\leq C|\overline{L}(\hat{x}, \frac{k}{n})||\overline{L}(\hat{x}, \frac{k-1}{n})|^{q-1} \\ &\leq C\Big(|\overline{L}(\hat{x}, \frac{k}{n})|^q + C|\overline{L}(\hat{x}, \frac{k-1}{n})|^q\Big) \end{aligned}$$

et donc

$$\begin{aligned} |R_n| &\leq \frac{C}{n}\sum_{k=0}^{n-1}\int_{\hat{\mathcal{O}}} |\overline{L}(\hat{x}, \frac{k}{n})|^q \, d\hat{x} + \frac{C}{n}\sum_{k=0}^{n-1}\int_{\hat{\mathcal{O}}} |\overline{L}(\hat{x}, \frac{k-1}{n})|^q \, d\hat{x} \\ &\leq \frac{C}{n}\Big(\sum_{k=0}^{n-2}\int_{\hat{\mathcal{O}}}\int_k^{k+1} |L(x)|^q \, dx + \int_{\hat{\mathcal{O}}}\int_{n-1}^{n} |L(x)|^q \, dx\Big) \\ &\leq \frac{C}{n^q}\int_{\mathcal{O}} |\mathcal{L}_n|^q \, dx \end{aligned}$$

où on a utilisé l'inégalité de Jensen pour passer de la première à la deuxième inégalité. D'où le résultat $R_n \to 0$ sous l'hypothèse $\sup_{n\in\mathbb{N}} \|\mathcal{L}_n\|_{L^q(\mathcal{O},\mathbb{R}^3)} < +\infty$.

D'autre part, par (3.1)

$$\begin{aligned} \left|\sum_{k=0}^{n-1} \overline{u}_{k-1} 1_{[\frac{k}{n}, \frac{k+1}{n}[}\right|^p_{L^p(\mathcal{O},\mathbb{R}^3)} &\leq \frac{C}{n}\sum_{k=0}^{n-1}\int_{\hat{\mathcal{O}}} |\overline{u}_{k-1}|^p \, d\hat{x} \\ &\leq \frac{C}{n}\sum_{k=0}^{n-1}\int_{\hat{\mathcal{O}}} |\overline{L}(\hat{x}, \frac{k-1}{n})|^{(q-1)p} \, d\hat{x} \\ &= \frac{C}{n}\sum_{k=0}^{n-1}\int_{\hat{\mathcal{O}}}\int_k^{k+1} |L(x)|^q \, dx \\ &\leq \frac{C}{n^q}\int_{\mathcal{O}} |\mathcal{L}_n|^q \, dx, \end{aligned}$$

et donc sous l'hypothèse $\sup_{n\in\mathbb{N}} \|\mathcal{L}_n\|_{L^q(\mathcal{O},\mathbb{R}^3)} < +\infty$,

$$\sum_{k=0}^{n-1} \overline{u}_{k-1} 1_{[\frac{k}{n}, \frac{k+1}{n}[} \to 0$$

dans $L^p(\mathcal{O}, \mathbb{R}^3)$. □

Comme pour les chapitres précédents, nous allons d'abord vérifier la compacité des suites d'énergies finies, puis étudier la limite variationnelle de cette énergie.

3.3.1 Lemme de compacité

Lemme 3.3.5 (Compacité). *Soit $(u_n)_{n\in\mathbb{N}}$ une suite de $Step_{3,n}(\mathcal{O},\mathbb{R}^3)$ vérifiant la condition $\sup\limits_{n\in\mathbb{N}} E_n < +\infty$. Alors, il existe une sous-suite, notée encore u_n, et $u \in L^p(\mathcal{O},\mathbb{R}^3)$ telles que :*

$$u_n \rightharpoonup u \quad dans \quad L^p(\mathcal{O},\mathbb{R}^3). \tag{3.5}$$

Démonstration. Soit $C > 0$ vérifiant $\sup\limits_{n\in\mathbb{N}} E_n < C$. De l'inégalité de Young $ab \leq \frac{1}{q\nu^q}a^q + \frac{\nu^p}{p}b^p$ avec $a \geq 0$, $b \geq 0$ et $\nu \geq 0$ choisi ultérieurement, nous avons

$$\begin{aligned}
\alpha\int_{\mathcal{O}}|u_n|^p dx &\leq \int_{\mathcal{O}}|\widetilde{L}^n||u_n|dx + C \\
&\leq \int_{\mathcal{O}}\frac{|\widetilde{L}^n|^q}{q\nu^q}dx + \int_{\mathcal{O}}\frac{\nu^p|u_n|^p}{p}dx + C \\
&\leq \frac{1}{q\nu^q}||\widetilde{L}^n||^q + \nu^p\int_{\mathcal{O}}\frac{|u_n|^p}{p}dx + C.
\end{aligned} \tag{3.6}$$

De plus, puisque L est Lipchitzienne,

$$\begin{aligned}
||\widetilde{L}^n - L||^q_{L^q} &= \sum_{k=0}^{n-1}\frac{1}{n}\int_{\hat{\mathcal{O}}\times[\frac{k}{n},\frac{k+1}{n}[}|L(\hat{x},k) - L(\hat{x},x_3)|^q dx \\
&\leq \frac{C}{n}|\hat{\mathcal{O}}|
\end{aligned} \tag{3.7}$$

alors $\widetilde{L}^n \to L$ dans $L^q(\mathcal{O},\mathbb{R}^3)$, et,

$$||\widetilde{L}^n||^q_{L^q} \leq ||L||^q_{L^q} + \frac{C}{n}. \tag{3.8}$$

Par conséquent, (3.6) et (3.8) donnent

$$\begin{aligned}
(\alpha - \frac{\nu^p}{p})\int_{\mathcal{O}}|u_n|^p dx &\leq \frac{1}{q}||\widetilde{L}^n||^q_{L^q} \\
&\leq \frac{C'}{n} + C.
\end{aligned}$$

On termine la preuve en prenant ν vérifiant $\alpha - \frac{\nu^p}{p} > 0$ et en passant à la limite en n. □

3.3.2 Γ-convergence

Théorème 3.3.1. *La suite des fonctionnelles énergies* $(E_n)_{n\in\mathbb{N}}$ *définies précédemment dans* $L^p(\mathcal{O},\mathbb{R}^3)$ *muni de sa topologie faible,* Γ*-converge vers la fonctionnelle* E_0 *définie dans* $L^p(\mathcal{O},\mathbb{R}^3)$ *par*

$$E_0(u) := \int_{\mathcal{O}} f_0(x_3, u(x))dx - \int_{\mathcal{O}} L(x).u(x)dx.$$

Démonstration. Nous devons établir les deux assertions :

i) Pour tout $u \in L^p(\mathcal{O},\mathbb{R}^3)$ et pour toute suite $(u_n)_{n\in\mathbb{N}}$ dans $Step_{3,n}(\mathcal{O},\mathbb{R}^3)$ vérifiant $u_n \rightharpoonup u$, on a $\liminf\limits_{n\to\infty} E_n(u_n) \geq E_0(u)$;

ii) Pour tout $u \in L^p(\mathcal{O},\mathbb{R}^3)$, il existe une suite $(u_n)_{n\in\mathbb{N}}$ dans $Step_{3,n}(\mathcal{O},\mathbb{R}^3)$ telle que $u_n \rightharpoonup u$ et $\limsup\limits_{n\to\infty} E_n(u_n) \leq E_0(u)$.

Preuve de i).

Pour tout $\lambda > 0$ et tout $s \in \mathbb{R}^3$ fixé, introduisons la régularisée inférieure (de Baire) $f_{0,\lambda}(.,s)$ définie par

$$f_{0,\lambda}(x_3, s) := \inf_{t\in\mathbb{R}}[f_0(t,s) + \lambda|x_3 - t|].$$

Soit l'ensemble compact K_ε inclus dans $[0,1]$ obtenu par le Lemme 3.3.3. Puisque pour tout s fixé, la fonction $x_3 \mapsto f_0(x_3, s)$ restreinte à K_ε est continue, et vérifie tout les hypothèse de Lemme 3.3.1.

Rappelons que $f_{0,\lambda}$ est λ-Lipchitzienne i.e, pour tout x_3 et x_3' de K_ε,

$$|f_{0,\lambda}(x_3, s) - f_{0,\lambda}(x_3', s)| \leq \lambda|x_3 - x_3'|, \tag{3.9}$$

et que pour tout $x_3 \in K_\varepsilon$, la fonction $f_0(.,s)$ est semi-continu inférieurement , on a

$$\lim_{\lambda\to+\infty} f_{0,\lambda}(x_3, s) = f_0(x_3, s), \tag{3.10}$$

Plus précisément, la suite $(f_{0,\lambda})_\lambda$ est une suite croissante monotone qui converge vers f lorsque $\lambda \to +\infty$ pour tout $x_3 \in K_\varepsilon$ où f_0 est semi-continue inférieurement. Notons $E_{\lambda,n}$ et $E_{\lambda,0}$ les énergies obtenues lorsque l'on remplace dans E_n et E_0 la densité f_0 par $f_{0,\lambda}$. On a

$$\liminf_{n\to+\infty} E_n(u_n) \geq \liminf_{n\to+\infty} E_{\lambda,n}(u_n). \tag{3.11}$$

En remarquant que $\lim_{n\to+\infty}\int_{\hat{\mathcal{O}}} u_n(x).\widetilde{L}^n(x)dx = \int_{\hat{\mathcal{O}}} u(x).L(x)dx$, on a

$$\begin{aligned}
\liminf_{n\to+\infty} E_{\lambda,n}(u_n) &= \liminf_{n\to+\infty}\int_{\mathcal{O}} \widetilde{f}^n_{0,\lambda}(x_3,u_n(x))dx - \int_{\hat{\mathcal{O}}} u(x).\widetilde{L}(x)dx \\
&\geq \liminf_{n\to+\infty}\int_{\mathcal{O}} \left[\widetilde{f}^n_{0,\lambda}(x_3,u_n(x)) - f_{0,\lambda}(x_3,u_n(x))\right]dx + \int_{\mathcal{O}} f_{0,\lambda}(x_3,u_n(x))dx \\
&\quad - \int_{\hat{\mathcal{O}}} u(x).\widetilde{L}(x)dx \qquad (3.12)
\end{aligned}$$

De la propriété de Lipchitz (3.9), nous avons

$$\begin{aligned}
\int_{\mathcal{O}} |\widetilde{f}^n_{0,\lambda}(x_3,u_n(x)) - f_{0,\lambda}(x_3,u_n(x))|dx &= \sum_{k=0}^{n-1}\frac{1}{n}\int_{\hat{\mathcal{O}}} |f_{0,\lambda}(k,u_n(\hat{x},k)) - f_{0,\lambda}(x_3,u_n(x))| \\
&\leq \sum_{k=0}^{n-1}\frac{\lambda}{n}\int_{\hat{\mathcal{O}}} |k-x_3|d\hat{x} \leq |\hat{\mathcal{O}}|\frac{\lambda}{n} \qquad (3.13)
\end{aligned}$$

Par conséquent (3.13), (3.12), (3.11) et la semi-continuité inférieure de la fonctionnelle intégrale $u \mapsto \int_{\mathcal{O}} f_{0,\lambda}(x_3,u_n(x))dx$ (rappelons que $s \mapsto f_0(x_3,s)$ est convexe) donnent

$$\begin{aligned}
\liminf_{n\to+\infty} E_n(u_n) \geq \liminf_{n\to+\infty} E_{\lambda,n}(u_n) &\geq \liminf_{n\to+\infty}\int_{\mathcal{O}} f_{0,\lambda}(x_3,u_n(x))dxdx - \int_{\hat{\mathcal{O}}} u(x).\widetilde{L}(x)dx \\
&\geq \int_{\mathcal{O}} f_{0,\lambda}(x_3,u(x))dxdx - \int_{\hat{\mathcal{O}}} u(x).\widetilde{L}(x)dx \\
&\geq \int_{\hat{\mathcal{O}}\times K_\varepsilon} f_{0,\lambda}(x_3,u(x))dxdx - \int_{\hat{\mathcal{O}}} u(x).\widetilde{L}(x)dx.
\end{aligned}$$

En faisant tendre $\lambda \to +\infty$, par (3.10) et par le théorème de convergence monotone nous obtenons

$$\begin{aligned}
\liminf_{n\to+\infty} E_n(u_n) &\geq \int_{\hat{\mathcal{O}}\times K_\varepsilon} f_0(x_3,u(x))dxdx - \int_{\hat{\mathcal{O}}} u(x).\widetilde{L}(x)dx \\
&= \int_{\mathcal{O}} f_0(x_3,u(x))dxdx - \int_{\mathcal{O}\times\left[[0,1]\setminus K_\varepsilon\right]} f_0(x_3,u(x))dxdx - \int_{\hat{\mathcal{O}}} u(x).\widetilde{L}(x)dx.
\end{aligned}$$

On termine la preuve de i) en faisant $\varepsilon \to 0$.

Preuve de ii). Pour tout $\lambda > 0$ et tout $s \in \mathbb{R}^3$ fixé, introduisons la régularisée supérieure $f_0^\lambda(.,s)$ définie par

$$f_0^\lambda(x_3,s) := \sup_{t\in\mathbb{R}}[f_0(t,s) - \lambda|x_3-t|]$$

et notons E_n^λ et E_0^λ les énergies obtenues lorsqu'on remplace dans E_n et E_0 la densité f_0 par f_0^λ. Nous avons la majoration suivante,

$$\limsup_{n\to+\infty} E_n^\lambda(u_n) \geq \limsup_{n\to+\infty} E_n(u_n)$$

et nous allons montrer le résultat suivant :

Pour tout $u \in L^p(\mathcal{O},\mathbb{R}^3)$, il existe une suite $(u_n)_{n\in\mathbb{N}}$ de $Step_{3,n}(\mathcal{O},\mathbb{R}^3)$ telle que $u_n \rightharpoonup u$ et $\limsup_{n\to\infty} E_n^\lambda(u_n) \leq E_0^\lambda(u) \overset{\lambda\to+\infty}{\longrightarrow} E_0(u)$ grâce au théorème de convergence dominée de Lebesgue.

La démonstration se fait en deux étapes.

Étape 1. Soit $u \in C_c(\mathcal{O},\mathbb{R}^3)$, on construit une suite $(u_n)_{n\in\mathbb{N}}$ convergent faiblement vers u dans $L^p(\mathcal{O},\mathbb{R}^3)$ telle que $\lim_{n\to\infty} E_n^\lambda(u_n) = E_0^\lambda(u)$.

En effet, on définit la fonction étagée suivante

$$\widetilde{u}_n(\hat{x},x_3) := 1_{[\frac{k}{n},\frac{k+1}{n}[}u(\hat{x},\frac{k}{n}),$$

il est clair que $\widetilde{u}_n \in Step_{3,n}(\mathcal{O},\mathbb{R}^3)$ et $\widetilde{u}_n \to u$ fortement dans $L^p(\mathcal{O},\mathbb{R}^3)$ lorsque n tend vers $+\infty$.
Par continuité de f_0^λ , on a

$$\begin{aligned}
\lim_{n\to\infty} E_n^\lambda(\widetilde{u}_n) &= \lim_{n\to\infty}\Big[\int_{\mathcal{O}} \widetilde{f_0}^{n,\lambda}(x_3,\widetilde{u}_n(x))dx - \int_{\hat{\mathcal{O}}} \widetilde{u}_n(x).\widetilde{L}^n(x)dx\Big]\\
&= \lim_{n\to\infty}\int_{\mathcal{O}} \widetilde{f_0}^{n\lambda}(x_3,\widetilde{u}_n(x))dx - \lim_{n\to\infty}\int_{\hat{\mathcal{O}}} \widetilde{u}_n(x).\widetilde{L}^n(x)dx\\
&= \lim_{n\to\infty}\int_{\mathcal{O}} f_0^{\lambda}(x_3,\widetilde{u}_n(x))dx - \lim_{n\to\infty}\int_{\hat{\mathcal{O}}} \widetilde{u}_n(x).\widetilde{L}^n(x)dx\\
&= E_0^\lambda(u).
\end{aligned}$$

Pour la troisième inégalité nous avons utilisé l'estimation analogue (3.13) vérifiée par notre régularisation supérieure. Pour la derniére égalité nous avons utilisé la continuité au sens fort dans $L^p(\mathcal{O},\mathbb{R}^3)$ de $u \mapsto \int_{\mathcal{O}} f_0^\lambda(x_3,\widetilde{u}_n(x))dx$ déduite de la propriété de Lipschitz du type (4.2) vérifiée par f_0.

Étape 2.(Fin de la preuve) Soit $u \in L^p(\mathcal{O},\mathbb{R}^3)$ fixé, il existe une suite $(u_\delta)_{\delta\in\mathbb{N}}$ de $C_c(\mathcal{O},\mathbb{R}^3)$ convergent fortement vers u dans $L^p(\mathcal{O},\mathbb{R}^3)$ telle que

$$\lim_{\delta\to\infty}\int_{\mathcal{O}} \widetilde{f_0}^{n,\lambda}(x_3,u_\delta(x))dx = \int_{\mathcal{O}} f_0^\lambda(x_3,u(x))dx$$

À partir de l'*Étape 1* et de cette égalité, nous construisons une sous-suite $u_{n,\delta} \in Step_{3,n}(\mathcal{O},\mathbb{R}^3)$ convergeant fortement vers u_δ lorsque $n \to +\infty$ et vérifiant $\lim\limits_{n\to+\infty} E_n^\lambda(u_{n,\delta}) = E_0^\lambda(u_\delta)$. D'où

$$\lim_{\delta\to\infty}\lim_{n\to\infty} E_n^\lambda(u_{n,\delta}) = E_0^\lambda(u)$$

Un argument de diagonalisation fournit une fonction $n \mapsto \delta(n)$ telle que

$$u_n := u_{n,\delta(n)} \to u \text{ in } L^p(\mathcal{O}, \mathbb{R}^3)$$
$$\lim_{n\to\infty} E_n^\lambda(u_n) = E_0^\lambda(u).$$

Nous concluons cette étape et la démonstration en faisant tendre $\lambda \to +\infty$,

$$\limsup_{n\to\infty} E_n(u_n) \leq \limsup_{n\to\infty} E_n^\lambda(u_n) = E_0^\lambda(u) \overset{\lambda\to+\infty}{\longrightarrow} E_0(u)$$

□

Remarque 3.3.1. *Nous avons démontré le résultat un peu plus fort suivant : La suite des fonctionnelles d'énergies* $(E_n)_{n\in\mathbb{N}}$ *définies dans* $L^p(\mathcal{O}, \mathbb{R}^3)$ *converge au sens de Mosco vers la fonctionnelle* E_0.

Grâce aux propriétés variationnelles de la Γ-convergence (cf Chapitre 1), nous déduisons le corollaire suivant précisant le modèle limite.

Corollaire 3.3.1. *Soit* $\bar{u}_n$ *vérifiant* $\bar{E}_n(u_n) = \min\{E_n(u) : u \in Step_{3,n}(\mathcal{O}, \mathbb{R}^3)\}$. *Alors il existe une sous- suite de* $(\bar{u}_n)_{n\in\mathbb{N}}$ *qui converge faiblement vers* $\bar{u}$ *dans* $L^p(\mathcal{O}, \mathbb{R}^3)$, *minimiseur de* E_0 *et donc solution du problème*

$$(\mathcal{P}) \qquad \bar{u}(x) \in \partial f_0^*(x_3, L(x)), \text{ pour presque tout } x \in \mathcal{O}.$$

Si $s \mapsto f_0(x_3, s)$ *est strictement convexe pour presque tout* $x_3 \in (0,1)$, *alors toute la suite* $(\bar{u}_n)_{n\in\mathbb{N}}$ *converge faiblement dans* $L^p(\mathcal{O}, \mathbb{R}^3)$ *vers l'unique solution de* $(\mathcal{P})$.

MODÈLE NON-LOCAL PAR HOMOGÉNÉISATION STOCHASTIQUE. 4

Résumé :

Le cas étudié précédemment, de par les hypothèses assez restrictives sur les comportements relatifs de l'épaisseur du matériau, de la rigidité des fibres et de leurs sections, ne nous a pas permis de mettre en évidence un phénomène non local. C'est la raison pour laquelle nous nous limitons dans ce chapitre au cas où l'épaisseur h du matériau ne dépend pas de ε. Nous tentons d'obtenir par analyse asymptotique un modèle non local et déterministe similaire à ceux obtenus dans un cadre périodique par M. Bellieud, M. Bellieud& G. Bouchitté et Licht & Michaille. Nous proposons deux énergies déterministes et non locales bornant le modèle et qui dans le cas périodique coïncident avec l' énergie trouvée par M. Bellieud, M. Bellieud & G. Bouchitté [4, 5, 6] et Licht & Michaille [25].

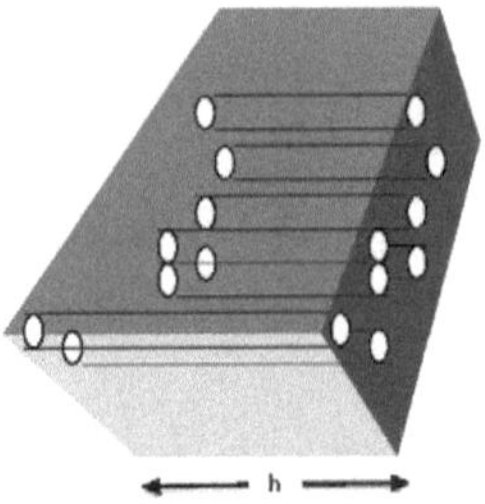

FIGURE 4.1 – *Structure (S) aléatoirement fibrée*

4.1 INTRODUCTION.

On s'intéresse au comportement macroscopique d'une structure aléatoirement fibrée dont la configuration de référence est le cylindre ouvert $\mathcal{O} := \widehat{\mathcal{O}} \times (0,h)$ de $\mathbb{R}^3$, de base $\widehat{\mathcal{O}} := (0,l_1) \times (0,l_2) \subset \mathbb{R}^2$. Plus précisément pour $\varepsilon = \frac{1}{n}$, on considère la réunion des fibres $T_\varepsilon(\omega) := \varepsilon D(\omega) \times \mathbb{R}$ où $D(\omega) := \bigcup_{i\in\mathbb{N}} D(\omega_i)$ et $D(\omega_i)$ sont des disques distribués aléatoirement dans $\mathbb{R}^2$ selon un processus stochastique ponctuel $\omega = (\omega_i)_{i\in\mathbb{N}}$ de $\mathbb{R}^2$ associé à un espace probabilisé $(\Omega, \mathcal{A}, \mathbf{P})$ identique à celui explicité dans le Chapitre 2. Ici encore, dans un souci de simplification, nous n'indiquerons pas toujours la variable aléatoire ω.

Pour obtenir le comportement macroscospique limite de la structure (S) Figure 4.1, nous étudions le comportement d'un point de vue variationnel de la fonctionnelle énergie H_ε de $\Omega \times L^p(\mathcal{O},\mathbb{R}^3)$ à valeur dans $\mathbb{R}^+ \cup \{+\infty\}$ définie par

$$H_\varepsilon(\omega,u) = \begin{cases} \varepsilon^p \displaystyle\int_{\mathcal{O}\setminus T_\varepsilon} f(\nabla u)\,dx + \int_{\mathcal{O}\cap T_\varepsilon} g(\nabla u)\,dx \text{ si } u \in W^{1,p}_{\Gamma_0}(\mathcal{O},\mathbb{R}^3) \\ +\infty \text{ sinon.} \end{cases}$$

L'espace $W^{1,p}_{\Gamma_0}(\mathcal{O},\mathbb{R}^3)$ est constitué des fonctions u de $W^{1,p}(\mathcal{O},\mathbb{R}^3)$ vérifiant $u = 0$ au sens des traces sur le bord $\Gamma_0 := \hat{\mathcal{O}} \times \{0\}$.

La première intégrale que l'on notera $F_\varepsilon(\omega,u)$, modélise l'énergie élastique interne dans la matrice $\mathcal{O}\setminus T_\varepsilon$, dont la rigidité est d'ordre ε^p. La deuxième intégrale notée $G_\varepsilon(\omega,u)$, modélise l'énergie mécanique interne dans T_ε, représentant les fibres cylindriques parallèlement fixées sur Γ_0 ($x_3 = 0$). Par conséquent, $H_\varepsilon(\omega,u)$ représente l'énergie interne de la structure totale fibres et matrice.

Nous rappelons que la répartition des sections transversales des fibres, est statistiquement homogène selon un processus ponctuel stationnaire (cf Section 2.1).

On se place dans le cas où la rigidité est très petite d'ordre $\approx \varepsilon^p$ dans la matrice $\mathcal{O}\backslash T_\varepsilon$ alors que la rigidité est d'ordre 1 dans les fibres. La fonction u représente le déplacement mécanique de la structure soumise à un chargement L donné et on considère les déplacements nuls sur la base de la structure complète Γ_0.

Nous faisons l'hypothèse des grandes déformations dans la matrice et les fibres (voir par exemple [24]) de sorte que les matériaux solides soient hyper-élastiques. Les densités f et g sont deux fonctions quasi-convexes définies sur l'espace $\mathbf{M}^{3\times 3}$ des matrices 3×3 et satisfont la condition classique de croissance d'ordre $p > 1$: il existe deux réels positifs α, β, tels que $\forall M, M' \in \mathbf{M}^{3\times 3}$

$$\alpha|M|^p \leq f(M) \leq \beta(1 + |M|^p), \tag{4.1}$$

idem pour g. Notons que f vérifie automatiquement la propriété de Lipschitz

$$|f(M) - f(M')| \leq \ell|M - M'|(1 + |M|^{p-1} + |M|^{p-1}) \tag{4.2}$$

avec $\ell > 0$, idem pour g.
En outre, nous supposons l'existence de $\beta' > 0$, $0 < \gamma < p$ et d'une fonction positivement p-homogène $f^{\infty,p}$ (appelée fonction de récession d'ordre p de f) de sorte que quelque soit $M \in \mathbf{M}^{3\times 3}$

$$|f(M) - f^{\infty,p}(M)| \leq \beta'(1 + |M|^{p-\gamma}). \tag{4.3}$$

De (4.3) (4.1) et (4.2), nous déduisons que $f^{\infty,p}$ vérifie pour tout $M \in \mathbf{M}^{3\times 3}$

$$\alpha|M|^p \leq f^{\infty,p}(M) \leq \beta|M|^p \tag{4.4}$$

et

$$|f^{\infty,p}(M) - f^{\infty,p}(M')| \leq \ell|M - M'|(|M|^{p-1} + |M|^{p-1}) \tag{4.5}$$

pour tout $(M, M') \in \mathbf{M}^{3\times 3} \times \mathbf{M}^{3\times 3}$.

Dans tout ce qui suit, nous supposons que $f^{\infty,p}$ est une fonction convexe. Si on suppose alors que les deux matériaux sont parfaitement collés et soumis à un chargement L, le déplacement est solution du problème $(\mathcal{P}_{H_\varepsilon})$

$$(\mathcal{P}_{H_\varepsilon}) \qquad \inf\left\{H_\varepsilon(\omega, u) - \int_{\mathcal{O}} L.u\, dx : u \in L^p(\mathcal{O}, \mathbb{R}^3)\right\}$$

où $L \in L^q(\mathcal{O}, \mathbb{R}^3)$, $q = \frac{p}{p-1}$.

Notre objectif est de fournir un modèle déterministe non-local d'un matériau de type TexSol^{TM}([15, 23, 24]). D'un point de vue mathématique il s'agit de faire l'étude asymptotique variationnelle du problème $\mathcal{P}_{H_\varepsilon}$ lorsque ε tend vers 0 afin d'obtenir un modèle homogène (i.e la configuration de référence ayant une géométrie simple). Nous proposons en fait un encadrement par deux modèles déterministes et non-locaux. D'un point de vue mathématique, cela nous conduit à encadrer par deux fonctionnelles déterministe non-locales la Γ-limite de la fonctionnelle H_ε. Plus précisément nous établissons la double estimation suivante

$$F_0^- \underset{e}{+} G_0 \leq \Gamma - \liminf H_\varepsilon(\omega, .) \leq \Gamma \limsup H_\varepsilon(\omega, u) \leq F_0^+ \underset{e}{+} G_0$$

où $F_0^- \underset{e}{+} G_0$ et $F_0^+ \underset{e}{+} G_0$ sont les sommes épigraphiques définies dans $L^p(\mathcal{O}, \mathbb{R}^3)$ par

$$F_0^- \underset{e}{+} G_0\,(u) := \inf_{w \in L^p(\mathcal{O}, \mathbb{R}^3)} \Big(F_0^-(u-w) + G_0(w) \Big)$$

et

$$F_0^+ \underset{e}{+} G_0\,(u) := \inf_{w \in L^p(\mathcal{O}, \mathbb{R}^3)} \Big(F_0^+(u-w) + G_0(w) \Big),$$

les fonctionnelles G_0, F_0^- et F_0^+ étant définies dans $L^p(\mathcal{O}, \mathbb{R}^3)$ comme suit.

$$G_0(u) = \begin{cases} \theta \displaystyle\int_{\mathcal{O}} (g^\perp)^{**}(\frac{\partial u}{\partial x_3}) dx \text{ si } u \in V_0 \\ +\infty \text{ sinon,} \end{cases}$$

$V_0 := \left\{ u \in L^p(\mathcal{O}, \mathbb{R}^3) : \dfrac{\partial u}{\partial x_3} \in L^p(\mathcal{O}, \mathbb{R}^3),\ u(\hat{x}, 0) = 0 \text{ sur } \widehat{\mathcal{O}} \right\}$. La densité $g^\perp$ est définie pour tout $a \in \mathbb{R}^3$ par

$$g^\perp(\xi) := \inf_{m \in \mathbf{M}^{3\times 2}} g\,(m|\xi)$$

où $\mathrm{M}^{3\times 2}$ est l'ensemble des matrices 3×2. Le paramètre $\theta \in (0,1)$ est la fraction volumique asymptotique des fibres définies par $\theta := \int_\Omega |\hat{Y} \cap D(\omega)|\, d\mathbf{P}(\omega)$, $\hat{Y} = (0,1)^2$.

La fonctionnelle F_0^- est définie par

$$F_0^-(u) = \int_{\mathcal{O}} f_0^-(u)\, dx$$

où pour tout $\xi \in \mathbb{R}^3$, la densité f_0^- est le sup des inf-convolutions continues définie pour tout $\xi \in \mathbb{R}^3$ par

$$f_0^-(\xi) = \sup_{n \in \mathbb{N}} \oint \frac{\mathcal{S}^-_{n\hat{Y}}}{n^2}(., \xi)$$

et $A \mapsto \mathcal{S}_A^-(\omega, .)$ est un processus dont la transformée de Legendre Fenchel dans $\mathbb{R}^3$ est sous-additif sur les pavés de $\mathbb{R}^2$ engendrés par $\hat{Y}$.

La fonctionnelle F_0^+ est définie par

$$F_0^+(u) = \int_{\mathcal{O}} f_0^+(u)\, dx$$

où pour tout $\xi \in \mathbb{R}^3$,

$$f_0^+(\xi) = \inf_{n\in\mathbb{N}} \int_\Omega \frac{\mathcal{S}^+_{n\hat{Y}}}{n^2}(\omega,\xi)\, d\mathbf{P}(\omega)$$

et $A \mapsto \mathcal{S}^+_A(\omega,.)$ est un processus sous-additif sur les pavés de $\mathbb{R}^2$ engendrés par $\hat{Y}$. Les définitions précises de f_0^- et f_0^+ sont données dans la section qui suit et nous montrons dans une dernière section que ces deux densités se réduisent et coïncident dans le cas périodique.

4.2 Définition des densités d'énergie f_0^- et f_0^+ associées au milieu mou

On se place dans le cadre probabiliste du Chapitre 2 en complétant toutefois l'axiome (A_1) par la condition $D(\omega) \cap \hat{Y} \subset\subset \hat{Y}$.

4.2.1 Définition de la densité f_0^+

On note $\mathcal{I}$ l'ensemble des intervalles $[a,b)$ engendrés par $[0,1)^2$. Pour tout $\hat{A}$ de $\mathcal{I}$ et tout $\xi \in \mathbb{R}^3$ on pose

$$\mathcal{S}^+_{\hat{A}}(\omega,\xi) := \inf\left\{\int_{\overset{\circ}{\hat{A}}\times(0,1)\setminus T(\omega)} f^{\infty,p}(\nabla w)\, dx : w \in \mathrm{adm}^+_{\hat{A}}(\omega,\xi)\right\},$$
$$\mathrm{adm}^+_{\hat{A}}(\omega,\xi) := \left\{w \in W^{1,p}_0(\overset{\circ}{\hat{A}}\times(0,1)\setminus\bar{T}(\omega),\mathbb{R}^3) : \fint_{\hat{A}\times(0,1)} w\, dx = \xi\right\}.$$

Puisque la mesure de Lebesgue ne change pas le bord des éléments de $\mathcal{I}$, on peut prendre comme $\mathcal{I}$ l'ensemble de tous les intervalles ouverts (a,b) engendrés par $\hat{Y}$ que nous noterons encore $\mathcal{I}$. Dans ce qui suit, la condition de sous-additivité devient, comme dans le chapitre précédent : pour tout $I \in \mathcal{I}$ tel qu'il existe une famille finie $(I_j)_{j\in J}$ d'intervalles disjoints de $\mathcal{I}$ avec $|I \setminus \bigcup_{j\in J} I_j| = 0$,

$$\mathcal{S}^+_I(\cdot) \le \sum_{j\in J} \mathcal{S}^+_{I_j}(\cdot).$$

Rappelons que $\Omega \times L^p(\mathcal{O},\mathbb{R}^3)$ est équipé de la σ-algèbre produit $\mathcal{A}\otimes\mathcal{B}$ où $\mathcal{B}$ est la σ-algèbre borèlienne associée à la norme $L^p(\mathcal{O},\mathbb{R}^3)$. Par conséquent il est facile de montrer que pour tout $\hat{A}$ fixé de $\mathcal{I}$ et tout ξ fixé de $\mathbb{R}^3$, la fonction $\omega \mapsto \mathcal{S}^+_{\hat{A}}(\omega,\xi)$ est mesurable.

Théorème 4.2.1. *Pour tout ξ fixé de $\mathbb{R}^3$,*

$$\begin{aligned}\mathcal{S}^+(.,\xi) : \quad & \mathcal{I} \longrightarrow L^1(\Omega,\mathcal{A},\mathbf{P})\\ & \hat{A} \longmapsto \mathcal{S}^+_{\hat{A}}(.,\xi)\end{aligned}$$

est un processus sous-additif associé à $(\tau_z)_{z\in\mathbf{Z}^2}$, satisfaisant pour tout $\xi \in \mathbb{R}^3$, tout $\hat{A} \in \mathcal{I}$ et tout $\delta > 0$ assez petit

$$\mathcal{S}^+_{\hat{A}}(\omega,\xi) \leq \frac{C(p)}{\delta^p \left|(\hat{Y} \setminus D(\bar{\omega}))_{2\delta}\right|}|\xi|^p|\hat{A}| \tag{4.6}$$

où $C(p)$ une constante positive dépendant uniquement de p.

En conséquence (cf Théorème 1.2.4) pour toute famille régulière $(I_n)_{n\in\mathbb{N}}$ de $\mathcal{I}$, la limite $\lim_{n\to\infty} \frac{\mathcal{S}^+_{I_n}(\omega,\xi)}{|I_n|}$ existe $\mathbf{P}$-presque sûrement et

$$\lim_{n\to\infty} \frac{\mathcal{S}^+_{I_n}(\xi,\omega)}{|I_n|} = \lim_{n\to\infty} \frac{\mathcal{S}^+_{[0,n[^2}(.,\xi)}{n^2} = \inf_{m\in\mathbb{N}^*} \left\{ \mathbf{E}\frac{\mathcal{S}^+_{[0,m[^2}(.,\xi)}{m^2} \right\}.$$

On notera par la suite $f_0^+(\xi)$ cette limite.

Démonstration. La preuve est identique à celle du Théorème 2.1.1 en l'adaptant à notre nouvelle fonction sous-additive. □

Afin de simplifier la preuve de l'estimation supérieure de la Γ-limite, il sera commode d'introduire un nouveau processus sous-additif $A \mapsto \tilde{\mathcal{S}}_A$ convergeant vers la même limite $f_0^+(\xi)$, où A varie cette fois-ci dans l'ensemble des pavés ouverts de $\mathbb{R}^3$. Plus précisément, nous notons encore $\mathcal{I}$ l'ensemble des intervalles ouverts (a,b) engendrés par $Y = (0,1)^3$, et nous appliquons le Théorème 1.2.4 (Ackoglu-Krengel) avec $N = 3$ au processus défini pour tout $A \in \mathcal{I}$ et tout $\xi \in \mathbb{R}^3$ par

$$\tilde{\mathcal{S}}_A(\omega,\xi) := \inf\left\{ \int_{A\setminus T(\omega)} f^{\infty,p}(\nabla w)\, dx : w \in \mathrm{adm}_A(\omega,\xi) \right\},$$
$$\mathrm{adm}_A(\omega,\xi) := \left\{ w \in W_0^{1,p}(\overset{\circ}{A} \setminus \overline{T}(\omega), \mathbb{R}^3) : \fint_A w\, dx = \xi \right\}.$$

Théorème 4.2.2. *Soit $\xi \in \mathbb{R}^3$ fixé, la fonction*

$$\begin{aligned} \tilde{\mathcal{S}}(.,\xi) : \quad & \mathcal{I} \longrightarrow L^1(\Omega,\mathcal{A},\mathbf{P}) \\ & A \longmapsto \tilde{\mathcal{S}}_A(.,\xi) \end{aligned}$$

est un processus sous-additif associé à l'opérateur $(\tau_z)_{z\in\mathbf{Z}^3}$ défini par $\tau_z(\omega) = \omega - \hat{z}$ où $z = (\hat{z}, z_3)$. Par conséquent pour toute famille régulière $(I_n)_{n\in\mathbb{N}}$ de $\mathcal{I}$ la limite $\lim_{n\to\infty} \frac{\tilde{\mathcal{S}}_{I_n}(\omega,\xi)}{|I_n|}$ existe pour $\mathbf{P}$-presque tout $\omega \in \Omega$ et $\lim_{n\to\infty} \frac{\tilde{\mathcal{S}}_{I_n}(\xi,\omega)}{|I_n|} = f_0^+(\xi)$.

Démonstration. La preuve de l'existence de la limite presque sûre est identique à celle du Théorème 4.2.1. Prenons $I_n = (0,n^2)^2 \times (0,n)$, il est clair que $(I_n)_{n\in\mathbb{N}}$ est une famille régulière de $\mathcal{I}$ (prendre $I'_n = I_n$), et par un changement de variable évident nous obtenons

$$\begin{aligned}
\frac{\tilde{\mathcal{S}}_{I_n}(\omega,\xi)}{|I_n|} &= \frac{\tilde{\mathcal{S}}_{(0,n^2)^2\times(0,n)}(\omega,\xi)}{n^5} \\
&= \frac{\tilde{\mathcal{S}}_{(0,n)^2\times(0,1)}(\omega,\xi)}{n^2} \\
&= \frac{\mathcal{S}^+_{(0,n)^2}(\omega,\xi)}{n^2}.
\end{aligned}$$

Par conséquent, pour presque tout ω de Ω,

$$\lim_{n\to\infty} \frac{\tilde{\mathcal{S}}_{I_n}(\omega,\xi)}{|I_n|} = f_0^+(\xi).$$

□

La Proposition qui suit est une conséquence de l'estimation (4.6).

Proposition 4.2.1. *La fonction f_0^+ est une fonction convexe et positivement homogène d'ordre p, satisfaisait la condition de croissance (4.4) avec la même constante α, une constante $\beta > 0$ différente donnée par (4.6), et la condition de Lipschitz (4.5) avec une constante $\ell > 0$ éventuellement différente.*

La preuve est identique à celle de la Proposition 2.1.1 du Chapitre 2.

4.2.2 Définition de la densité f_0^-

Pour obtenir la meilleure minoration possible de la $\Gamma - \liminf H_\varepsilon$, nous allons construire un processus $\mathcal{S}^-$ inférieur à $\mathcal{S}^+$, le plus grand possible pour lequel la méthode de dualité de Fenchel-Moreau fonctionne. Plus précisément on considère le processus $\mathcal{S}^-$ défini pour tout $\hat{A} \in \mathcal{I}$ et tout $\xi \in \mathbb{R}^3$ par

$$\mathcal{S}^-_{\hat{A}}(\omega,\xi) = \inf\left\{\int_{\hat{A}\setminus D(\omega)} f^{\infty,p}(\nabla w, 0)\, dx : w \in \mathrm{adm}^-_{\hat{A}}(\xi)\right\}$$

où

$$\mathrm{adm}^-_{\hat{A}}(\omega,\xi) := \left\{w \in W^{1,p}(\hat{A},\mathbb{R}^3),\ w = 0 \text{ sur } D(\omega),\ \fint_{\hat{A}} w\, dx = \xi\right\}$$

Le processus $\mathcal{S}^-$ ainsi défini n'est pas sous-additif. Cela est dû à l'absence de condition de bord sur $\hat{A}$. En revanche, sa transformée de Legendre-Fenchel est sous-additive et répond à toutes les conditions du Théorème ergodique sous-additif (Théorème 1.2.4).

Lemme 4.2.1. *La transformée de Legendre-Fenchel de* $\xi \mapsto \frac{\mathcal{S}^-_{\hat{A}}(\omega,\xi)}{|\hat{A}|}(.)$ *est définie pour tout* ξ^* *dans* $\mathbb{R}^3$ *par*

$$\left(\frac{\mathcal{S}^-_{\hat{A}}}{|\hat{A}|}\right)^*(\xi^*) = \inf\left\{\frac{1}{|\hat{A}|}\int_{\hat{A}\setminus T}(f^{\infty,p})^*(\sigma,0)\,dx : \sigma \in \, adm^*_{\hat{A}}(\xi^*)\right\}$$

où

$$adm^*_{\hat{A}}(\xi^*) := \left\{\sigma \in L^q(\hat{A}\setminus D, \mathbf{M}^{3\times 2}) : -div\,\sigma = \xi^* \ dans\ \hat{A}\setminus D,\ \sigma.\nu = 0\ sur\ \partial\hat{A}\right\}$$

et ν *est le vecteur normal unitaire sortant de* $\partial\hat{A}$.

Démonstration. Pour faciliter la lecture on ne notera plus la dépendance en ω de la fonction $\frac{\mathcal{S}^-_{\hat{A}}}{|\hat{A}|}$. Par définition de la transformée de Legendre-Fenchel on a

$$\begin{aligned}\left(\frac{\mathcal{S}^-_{\hat{A}}}{|\hat{A}|}\right)^*(\xi^*) &= \sup_{\xi\in\mathbb{R}}\left\{\xi^*\cdot\xi - \inf\left\{\frac{1}{|\hat{A}|}\int_{\hat{A}\setminus D(\omega)} f^{\infty,p}(\nabla u, 0)\,dx, u \in \mathrm{adm}(\omega,\xi)\right\}\right\} \\ &= \sup_{(\xi,u)\in\mathbb{R}^3\times W^{1,p}(\hat{A},\mathbb{R}^3)}\left\{\xi^*\cdot\xi - \left\{\frac{1}{|\hat{A}|}\int_{\hat{A}\setminus D(\omega)} f^{\infty,p}(\nabla u,0)\,dx + I(\xi,u)\right\}\right\} \quad (4.\end{aligned}$$

où

$$I(a,u) = \begin{cases} 0 \text{ si } u \in \mathrm{adm}(\omega,\xi) \\ +\infty \text{ sinon.}\end{cases}$$

On a donc

$$\left(\frac{\mathcal{S}^-_{\hat{A}}}{|\hat{A}|}\right)^*(\xi^*) = \sup_{(\xi,\zeta)\in\mathbb{R}^3\times L^p(\hat{A}\setminus D(\omega),\mathbf{M}^{3\times 2})}\left\{\xi^*\cdot\xi - \left\{\frac{1}{|\hat{A}|}\int_{\hat{A}\setminus D(\omega)} f^{\infty,p}(\zeta,0)\,dx + \widetilde{I}(\xi,\zeta)\right\}\right\},$$

où

$$\widetilde{I}(\xi,\zeta) = \begin{cases} 0 \text{ si } \exists u \in \mathrm{adm}(\omega,\xi),\ \zeta = \nabla u\lfloor\hat{A}\setminus D(\omega) \\ +\infty \text{ sinon.}\end{cases}$$

Par conséquent $\left(\frac{\mathcal{S}^-_{\hat{A}}}{|\hat{A}|}\right)^*(\xi^*) = \left(J+\widetilde{I}\right)^*(\xi^*,0)$ où J est une fonctionnelle intégrale de $\mathbb{R}^3\times L^p\left(\hat{A}\setminus D(\omega),\mathbb{R}^3\right)$ avec

$$J(\xi,\zeta) = \frac{1}{|\hat{A}|}\int_{\hat{A}\setminus D(\omega)} f^{\infty,p}(\zeta,0)\,dx.$$

La transformée $\left(\frac{\mathcal{S}^-_{\hat{A}}}{|\hat{A}|}\right)^*$ est donc caractérisée par la somme épigraphique (voir Proposition 9.4.1 in [3])

$$\begin{aligned}\left(\frac{\mathcal{S}^-_{\hat{A}}}{|\hat{A}|}\right)^*(\xi^*) &= \left(J^* \underset{c}{+} \widetilde{I}^*\right)(\xi^*, 0) \\ &= \inf_{(b^*,z^*)\in\mathbb{R}^3\times L^q\left(\hat{A}\setminus D(\omega),\mathbf{M}^{3\times 2}\right)} J^*\left(\xi^* - b^*, -z^*\right) + \widetilde{I}^*\left(b^*, z^*\right). \quad (4.8)\end{aligned}$$

Dans ce qui suit, nous allons exprimer I^* et J^*. Par définition

$$\begin{aligned}\widetilde{I}^*\left(b^*, z^*\right) &= \sup_{(b,z)\in\mathbb{R}^3\times L^p\left(\hat{A}\setminus D(\omega),\mathbf{M}^{3\times 2}\right)} \left\{b^*\cdot b + \int_{\hat{A}\setminus D(\omega)} z : z^* dx - \widetilde{I}\left(b, z\right)\right\} \\ &= \sup_{(b,u)\in\mathbb{R}^3\times adm(\omega,b)} \left\{b^*\cdot b + \int_{\hat{A}\setminus D(\omega)} \nabla u : z^* dx\right\} \\ &= \sup_{(b,u)\in\mathbb{R}^3\times adm(\omega,b)} \left\{\int_{\hat{A}\setminus D(\omega)} u\cdot \frac{b^*}{|\hat{A}|\, dx} - \int_{\hat{A}\setminus D(\omega)} u\cdot div\left(z^*\right)\, dx\right. \\ &\qquad\qquad \left. + \int_{\partial\hat{A}} u.z^*\nu d\mathcal{H}^1\right\}\end{aligned}$$

et donc

$$\widetilde{I}^*\left(b^*, z^*\right) = \begin{cases} 0 \text{ si } div\left(z^*\right) = b^* \text{ dans } \hat{A}\setminus D(\omega) \text{ et } z^*\nu = 0 \text{ sur } \partial\hat{A}, \\ +\infty \text{ sinon.}\end{cases} \quad (4.9)$$

D'autre part

$$J^*\left(c^*, z^*\right) = \sup_{(c,z)\in\mathbb{R}^3\times L^p\left(\hat{A}\setminus D(\omega),\mathbb{R}^3\right)} \left\{c^*\cdot c + \int_{\hat{A}\setminus D(\omega)} z^* : z dx - \frac{1}{|\hat{A}|}\int_{\hat{A}\setminus D(\omega)} f^{\infty,p}\left(z, 0\right) dx\right\}$$

et donc, classiquement

$$J^*\left(c^*, z^*\right) = \begin{cases} \dfrac{1}{|\hat{A}|}\displaystyle\int_{\hat{A}\setminus D(\omega)} \left(f^{\infty,p}\right)^*\left(|\hat{A}| z^{*,0}\right) dx \text{ si } c^* = 0 \\ +\infty \text{ sinon.}\end{cases} \quad (4.10)$$

On conclut la démonstration en combinant (4.8), (4.9) et (4.10). □

Théorème 4.2.3. *Le processus* $\hat{A} \mapsto \inf\left\{\int_{\hat{A}\setminus T} f^{\infty,p}(\sigma, 0)\, dx : \sigma \in adm^*_{\hat{A}}(\xi^*)\right\}$ *est un processus sous-additif associé à* $(\tau_z)_{z\in\mathbf{Z}^2}$. *Par conséquent pour toute famille régulière* $(I_n)_{n\in\mathbb{N}}$ *de* $\mathcal{I}$, *presque sûrement et pour tout* $\xi^* \in \mathbb{R}^3$ *on a*

$$\lim_{n\to+\infty}\left(\frac{\mathcal{S}^-_{I_n}}{|I_n|}\right)^*(\omega, \xi^*) = \inf_{n\in\mathbb{N}^*}\int_\Omega \left(\frac{\mathcal{S}^-_{(0,n)^2}}{n^2}\right)^*(\omega, \xi^*)\, d\mathbf{P}(\omega).$$

Démonstration. On vérifie aisément que toutes les hypothèses du théorème sous-additif 1.2.4 sont satisfaites, d'où le résultat. □

Corollaire 4.2.1 (Définition de f_0^-). *Presque sûrement et pour tout $\xi \in \mathbb{R}^3$ on a pour toute famille régulière $(I_n)_{n\in\mathbb{N}}$ de $\mathcal{I}$*

$$\lim_{n\to+\infty} \frac{\mathcal{S}_{I_n}^-(\omega,\xi)}{|I_n|} = \sup_{n\in\mathbb{N}^*} \Big(\oint \frac{\mathcal{S}_{n\hat{Y}}^-}{n^2}\Big)(\xi) \tag{4.11}$$

où

$$\Big(\oint \frac{\mathcal{S}_{n\hat{Y}}^-}{n^2}\Big)(\xi) = \inf\left\{\int_\Omega \frac{\mathcal{S}_{n\hat{Y}}^-(\omega, X(\omega))}{n^2}\, dP(\omega) : X \in L_P^1(\Omega),\ \int_\Omega X(\omega)\, dP(\omega) = \xi\right\}$$

On notera $f_0^-(\xi)$ cette limite. De plus on a pour tout $\xi \in \mathbb{R}^3$

$$\lim_{n\to+\infty} \Big(\oint \frac{\mathcal{S}_{n\hat{Y}}^-}{n^2}\Big)(\xi) = f_0^-(\xi). \tag{4.12}$$

Démonstration. Etablissons (4.11). La limite presque sûre dans (4.11) est une conséquence du Théorème 4.2.3. En effet, en utilisant le Théorème 4.2.3 et le Théorème 1.3.1 sur l'inf-convolution continue, on a pour tout $\xi^* \in \mathbb{R}^3$ et pour $\mathbf{P}$ presque tout $\omega \in \Omega$

$$\begin{aligned}\lim_{n\to+\infty} \Big(\frac{\mathcal{S}_{I_n}^-}{|I_n|}\Big)^*(\omega,\xi^*) &= \inf_{n\in\mathbb{N}^*} \int_\Omega \Big(\frac{\mathcal{S}_{(0,n)^2}^-}{n^2}\Big)^*(\omega,\xi^*)\, d\mathbf{P}(\omega) \\ &= \inf_{n\in\mathbb{N}^*} \Big(\oint \frac{\mathcal{S}_{n\hat{Y}}^-}{n^2}\Big)^*(\xi^*).\end{aligned}$$

Par la Proposition 1.3.1 qui donne l'équivalence entre la convergence simple des transformées de Legendre-Fenchel $h_n^* \to h^*$ et la convergence simple $h_n \to h$, on obtient pour tout $\xi \in \mathbb{R}^3$

$$\begin{aligned}\lim_{n\to+\infty} \frac{\mathcal{S}_{I_n}^-}{|I_n|}(\omega,\xi) &= \Big[\inf_{n\in\mathbb{N}^*} \Big(\oint \frac{\mathcal{S}_{n\hat{Y}}^-}{n^2}\Big)^*\Big]^*(\xi) \\ &= \sup_{n\in\mathbb{N}^*} \Big(\oint \frac{\mathcal{S}_{n\hat{Y}}^-}{n^2}\Big)(\xi)\end{aligned}$$

où, dans la dernière égalité, on a permuté deux sup et utilisé la convexité de $\xi \mapsto \oint \frac{\mathcal{S}_{n\hat{Y}}^-}{n^2}(\xi)$.

Il nous reste à établir la convergence (4.12). Soit $\xi^* \in \mathbb{R}^3$, par définition de la limite f_0^- et la Proposition 1.3.1, nous avons la limite presque sûre,

$$\lim_{n\to+\infty} \Big(\frac{\mathcal{S}_{n\hat{Y}}^-}{n^2}\Big)^*(\omega,\xi^*) = \Big(f_0^-\Big)^*(\xi^*),$$

et par le théorème de convergence dominée de Lebesgue nous obtenons

$$\begin{aligned}\lim_{n\to+\infty} \mathbf{E}\Big[\Big(\frac{\mathcal{S}^-_{n\hat{Y}}}{n^2}\Big)^*(\omega,\xi^*)\Big] &= \mathbf{E}\Big[\Big(f_0^-\Big)^*(\xi^*)\Big] \\ &= \Big(f_0^-\Big)^*(\xi^*) \end{aligned} \tag{4.13}$$

Or , d'après le Théorème 1.3.1 de M. Valadier énoncé dans le Chapitre 1, pour tout $n \in \mathbb{N}^*$, et pour tout $\xi^* \in \mathbb{R}^3$,

$$\mathbf{E}\Big[\Big(\frac{\mathcal{S}^-_{n\hat{Y}}}{n^2}\Big)^*(.,\xi^*)\Big] = \Big(\fint \frac{\mathcal{S}^-_{n\hat{Y}}}{n^2}\Big)^*(\xi^*).$$

L'égalité (4.13) donne alors

$$\lim_{n\to+\infty} \Big(\fint \frac{\mathcal{S}^-_{n\hat{Y}}}{n^2}\Big)^*(\xi^*) = \Big(f_0^-\Big)^*(\xi^*).$$

On conclut en utilisant une nouvelle fois la Proposition 1.3.1. □

En reprenant les arguments utilisés dans la preuve de la Proposition 2.1.1 on montre facilement la proposition suivante

Proposition 4.2.2. *La fonction f_0^- est une fonction convexe et positivement homogène d'ordre p. Elle satisfaisait la condition de croissance (4.4) avec la même constante α, une constante $\beta' > 0$ et la condition de Lipschitz (4.5) avec une constante $\ell' > 0$ éventuellement différente des constantes β et ℓ.*

4.3 Bornes variationnelles de l'énergie associée à la structure (S)

Rappelons que les sommes épigraphiques $F_0^- \underset{e}{+} G_0$ et $F_0^+ \underset{e}{+} G_0$ sont définies dans $L^p(\mathcal{O},\mathbb{R}^3)$ par

$$H(u) = F_0^- \underset{e}{+} G_0\,(u) := \inf_{w\in L^p(\mathcal{O},\mathbb{R}^3)} \Big(F_0^-(u-w) + G_0(w)\Big)$$

et

$$H(u) = F_0^+ \underset{e}{+} G_0\,(u) := \inf_{w\in L^p(\mathcal{O},\mathbb{R}^3)} \Big(F_0^+(u-w) + G_0(w)\Big),$$

où la fonctionnelle G_0 est définie dans $L^p(\mathcal{O},\mathbb{R}^3)$ par

$$G_0(u) = \begin{cases} \theta \displaystyle\int_{\mathcal{O}} (g^\perp)^{**}(\frac{\partial u}{\partial x_3})dx \text{ si } u \in V_0 \\ +\infty \text{ sinon,} \end{cases}$$

$V_0 := \left\{ u \in L^p(\mathcal{O}, \mathbb{R}^3) : \dfrac{\partial u}{\partial x_3} \in L^p(\mathcal{O}, \mathbb{R}^3),\ u(\hat{x}, 0) = 0 \text{ sur } \widehat{\mathcal{O}} \right\}$. La densité $g^{\perp}$ est définie pour tout $\xi \in \mathbb{R}^3$ par

$$g^{\perp}(\xi) := \inf_{m \in \mathbf{M}^{3\times 2}} g\,(m|\xi)\,.$$

La fonctionnelle F_0^- est définie par

$$F_0^-(u) = \int_{\mathcal{O}} f_0^-(u)\,dx$$

et la fonctionnelle F_0^+ par

$$F_0^+(u) = \int_{\mathcal{O}} f_0^+(u)\,dx$$

avec f_0^- et f_0^+ définies précédemment. Le résultat principal de ce chapitre est l'encadrement suivant dont la preuve est obtenue dans les sections qui suivent.

Théorème 4.3.1. *Pour* $\mathbf{P}$- *presque tout* ω *de* Ω *on a*

$$F_0^- \underset{e}{+} G_0 \leq \Gamma - \liminf H_\varepsilon(\omega, .) \leq \Gamma \limsup H_\varepsilon(\omega, u) \leq F_0^+ \underset{e}{+} G_0$$

Dans un premier temps, nous avons besoin d'un lemme de compacité nous donnant la convergence faible dans $L^p(\mathcal{O}, \mathbb{R}^3)$ des suites d'énergie finie. Nous rappelons que cette convergence fixe la topologie pour laquelle on borne la fonctionnelle H_ε.

4.3.1 Lemme de compacité

Proposition 4.3.1 (Compacité). *Soit* $(u_\varepsilon)_{\varepsilon>0}$ *une suite de* $W^{1,p}_{\Gamma_0}(\mathcal{O}, \mathbb{R})$ *telle que* $\sup_{\varepsilon>0}\left(H_\varepsilon(\omega, u_\varepsilon) - \int_{\mathcal{O}} L.u_\varepsilon\, dx\right) < +\infty$ *pour* $\mathbf{P}$*-presque tout* $\omega \in \Omega$. *Alors, pour* $\mathbf{P}$*-presque tout* $\omega \in \Omega$, *il existe une suite extraite non renumérotée pouvant dépendre de* ω, *et* (u, v) *un couple de fonctions de* $L^p(\mathcal{O}, \mathbb{R}^3) \times V_0$ *pouvant également dépendre de* ω, *telles que*

(i) $u_\varepsilon \rightharpoonup u$ *in* $L^p(\mathcal{O}, \mathbb{R}^3)$;

(ii)

$$a(\omega, \frac{\cdot}{\varepsilon})u_\varepsilon \rightharpoonup v \text{ dans } L^p(\mathcal{O}, \mathbb{R}) \tag{4.14}$$

$$a(\omega, \frac{\cdot}{\varepsilon})\frac{\partial u_\varepsilon}{\partial x_3} \rightharpoonup \frac{\partial v}{\partial x_3} \text{ dans } L^p(\mathcal{O}, \mathbb{R}). \tag{4.15}$$

Démonstration. Rappelons l'estimation (2.14) du Lemme 2.2.1.
Pour tout $w \in W^{1,p}_{\Gamma_0}(\mathcal{O},\mathbb{R}^3)$, on a presque sûrement la majoration suivante,

$$\int_{\mathcal{O}} |w|^p dx \leq C\Big[\frac{h}{|\hat{Y}\cap D(\omega)|}\int_{\mathcal{O}\cap T_\varepsilon} |\frac{\partial w}{\partial x_3}|^p dx + \int_{\mathcal{O}} |\varepsilon \nabla w|^p dx\Big].$$

où $C > 0$ est une constante dépendant de ω et de p.

Pour tout u_ε dans $W^{1,p}_{\Gamma_0}(\mathcal{O},\mathbb{R}))$, de cette estimation et par (4.1) on a

$$\int_{\mathcal{O}} |u_\varepsilon|^p \, dx \leq C(\omega,p,h) H_\varepsilon(\omega,u_\varepsilon)$$

où $C(\omega,p,h)$ est une constante positive dépendant uniquement de $C_{pw}(\omega)$, p et h.
Ainsi,

$$\begin{aligned} H_\varepsilon(\omega,u_\varepsilon) - \int_{\mathcal{O}} L.u_\varepsilon \, dx &\geq \frac{1}{C(\omega,p,h)}\int_{\mathcal{O}} |u_\varepsilon|^p \, dx - \int_{\mathcal{O}} L.u_\varepsilon \, dx \\ &\geq \frac{1}{C(\omega,p,h)}\int_{\mathcal{O}} |u_\varepsilon|^p \, dx - \frac{1}{q\nu^q}\|L\|^q_{L^q(\mathcal{O},\mathbb{R})} - \frac{\nu^p}{p}\int_{\mathcal{O}} |u_\varepsilon|^p \, dx \\ &= \Big(\frac{1}{C(\omega,p,h)} - \frac{\nu^p}{p}\Big)\int_{\mathcal{O}} |u_\varepsilon|^p \, dx \end{aligned} \tag{4.16}$$

et le résultat (i) vient du choix d'un $\nu > 0$ assez petit afin d'avoir $\frac{1}{C(\omega,p,h)} - \frac{\nu^p}{p} > 0$.

Montrons maintenant les convergences (ii). Par la propriété de croissance (4.4) on a

$$\sup_{\varepsilon>0}\Big(H_\varepsilon(\omega,u_\varepsilon) - \int_{\mathcal{O}} L.u_\varepsilon \, dx\Big) \geq \alpha \int_{\mathcal{O}\cap T_\varepsilon} \Big|\frac{\partial u_\varepsilon}{\partial x_3}\Big|^p \, dx - \int_{\mathcal{O}} |u_\varepsilon||L.| \, dx$$

on peut alors déduire en s'appuyant également sur (4.16)

$$\sup_{\varepsilon>0}\int_{\mathcal{O}\cap T_\varepsilon} \Big|\frac{\partial u_\varepsilon}{\partial x_3}\Big|^p \, dx < +\infty.$$

On obtient donc (ii) par l'inégalité de Poincaré

$$\int_{\mathcal{O}\cap T_\varepsilon} |u_\varepsilon|^p dx \leq h^p \int_{\mathcal{O}\cap T_\varepsilon} \Big|\frac{\partial u_\varepsilon}{\partial x_3}\Big|^p \, dx.$$

Ceci termine la preuve. □

4.3.2 Estimation de la borne variationnelle de la Γ-limite supérieure

Théorème 4.3.2. *Il existe un ensemble $\Omega' \in \mathcal{A}$ vérifiant $\mathbf{P}(\Omega') = 1$, tel que pour tout couple $(u,v) \in L^p(\mathcal{O},\mathbb{R}^3) \times V_0$, il existe une suite aléatoire $(u_\varepsilon(\omega,.))_{\varepsilon>0} \in L^p(\mathcal{O},\mathbb{R}^3)$ vérifiant pour tout $\omega \in \Omega$*

$$\int_{\mathcal{O}} f_0^+(u - \frac{1}{\theta}v)dx + G_0(\frac{1}{\theta}v) = \limsup_{\varepsilon\to 0} H_\varepsilon(\omega,u_\varepsilon(\omega,.))$$

$$(u_\varepsilon(\omega,.), a(\omega,\frac{\cdot}{\varepsilon}u_\varepsilon(\omega,.)) \rightharpoonup (u,v) \quad \textit{dans } L^p(\mathcal{O},\mathbb{R}^3)\times V_0.$$

En conséquence, presque sûrement

$$(\Gamma - \limsup H_\varepsilon)(\omega, u) \leq F_0^+(u - \frac{1}{\theta}v) + G_0(\frac{1}{\theta}v)$$

et donc presque sûrement

$$(\Gamma - \limsup H_\varepsilon)(\omega, .) \leq F_0^+ \underset{e}{+} G_0$$

Démonstration. La démonstration s'effectue en trois étapes. Rappelons que $F_\varepsilon(\omega, .)$ est définie dans $L^p(\mathcal{O}, \mathbb{R}^3)$ par

$$F_\varepsilon(\omega, u) = \begin{cases} \varepsilon^p \int_{\mathcal{O}\setminus T_\varepsilon} f^{\infty,p}(\nabla u)\, dx \text{ si } u \in W^{1,p}_{\Gamma_0}(\mathcal{O}, \mathbb{R}) \\ +\infty \text{ sinon.} \end{cases}$$

Étape 1. On suppose $(u, v) \in \mathcal{C}^1_c(\mathcal{O}, \mathbb{R}^3) \times \left(\mathcal{C}^1_c(\mathcal{O}, \mathbb{R}^3) \cap V_0(\mathcal{O}, \mathbb{R}^3)\right)$ et on montre qu'il existe Ω' avec $\mathbf{P}(\Omega') = 1$ tel que pour tout $\omega \in \Omega'$, il existe $(u_\varepsilon(\omega, .))_{\varepsilon>0} \in L^p(\mathcal{O}, \mathbb{R}^3)$ vérifiant

$$\begin{aligned} &(u_\varepsilon(\omega, .), a(\omega, \frac{\cdot}{\varepsilon}u_\varepsilon(\omega, .)) \rightharpoonup (u, v) \quad \text{dans } L^p(\mathcal{O}, \mathbb{R}^3) \times V_0 \\ &\lim_{\varepsilon\to 0} F_\varepsilon(\omega, u_\varepsilon(\omega, .)) = \int_{\mathcal{O}} f_0^+(u - \frac{1}{\theta}v)dx \\ &\lim_{\varepsilon\to 0} G_\varepsilon(\omega, u_\varepsilon(\omega, .)) = \theta \int_{\mathcal{O}} g^\perp(\frac{1}{\theta}\frac{\partial v}{\partial x_3})\, dx. \end{aligned} \tag{4.17}$$

Soit $\eta \in \mathbf{Q}^+$ destiné à tendre vers 0 en fin de démonstration et $(Q_{i,\eta})_{i\in I_\eta}$ une famille finie de cubes de $\mathbb{R}^3$ de diamètre η inclus dans $\mathcal{O}$ telle que

$$\left|\mathcal{O}\setminus \bigcup_{i\in I_\eta} Q_{i,\eta}\right| = 0.$$

On définit $z_\eta := \sum_{i\in I_\eta} z_{i,\eta} 1_{Q_{i,\eta}}$ et $z_{i,\eta} = (u - \frac{1}{\theta}v)(x_{i,\eta})$ où $x_{i,\eta}$ est choisi de façon arbitraire dans $Q_{i,\eta}$. Il est clair que $z_\eta \to u - \frac{1}{\theta}v$ dans $L^p(\mathcal{O}, \mathbb{R}^3)$ quand $\eta \to 0$.

Soit $C_{i,\eta,\varepsilon}$ le plus grand cube de $\mathcal{I}$ inclus dans $\frac{1}{\varepsilon}Q_{i,\eta}$ et $w_{i,\eta,\varepsilon} \in \text{adm}_{C_{i,\eta,\varepsilon}}(\omega, z_{i,\eta}(x_{i,\eta}))$ un minimiseur de $\tilde{\mathcal{S}}_{C_{i,\eta,\varepsilon}}(\omega, z_{i,\eta}(x_{i,\eta}))$ prolongé par zéro en dehors de $C_{i,\eta,\varepsilon} \setminus T(\omega)$. Notons que$(C_{i,\eta,\varepsilon})_\varepsilon$ est une famille régulière de $\mathbb{R}^3$. En effet, pour chaque cube $Q =]a, b[$ de $\mathbb{R}^3$ notons Q' le cube associé à $]0, b[$. Considérons la famille $(C'_{i,\eta,\varepsilon})_\varepsilon$. On a,

$$\frac{|C_{i,\eta,\varepsilon}|}{|C'_{i,\eta,\varepsilon}|} = \frac{|C_{i,\eta,\varepsilon}|}{|\frac{1}{\varepsilon}Q_{i,\eta}|} \times \frac{|Q_{i,\eta}|}{|Q'_{i,\eta}|} \times \frac{|\frac{1}{\varepsilon}Q'_{i,\eta}|}{|C'_{i,\eta,\varepsilon}|}.$$

Il est facile de voir que

$$\lim_{\varepsilon\to 0} \frac{|C_{i,\eta,\varepsilon}|}{|\frac{1}{\varepsilon}Q_{i,\eta}|} = \lim_{\varepsilon\to 0} \frac{|C'_{i,\eta,\varepsilon}|}{|\frac{1}{\varepsilon}Q'_{i,\eta}|} = 1,$$

donc en prenant ε assez petit (dépendant d'un η fixé) $\frac{|C_{i,\eta,\varepsilon}|}{|C'_{i,\eta,\varepsilon}|} \leq 2\frac{|Q_{i,\eta}|}{|Q'_{i,\eta}|}$ et la famille $(C'_{i,\eta,\varepsilon})_\varepsilon$ vérifie les conditions (i')-(iv') définissant une famille régulière (cf Théorème 1.2.4). Par le Théorème 4.2.2 on a alors l'existence de $\Omega_{i,\eta} \in \mathcal{A}$ avec $P(\Omega_{i,\eta}) = 1$ et tel que

$$\begin{aligned}
\lim_{\varepsilon\to 0} \frac{\tilde{\mathcal{S}}_{C_{i,\eta,\varepsilon}}(\omega, z_{i,\eta}(x_{i,\eta}))}{|C_{i,\eta,\varepsilon}|} &= \lim_{\varepsilon\to 0} \frac{1}{|C_{i,\eta,\varepsilon}|} \int_{C_{i,\eta,\varepsilon}\setminus T(\omega)} f^{\infty,p}(\nabla w_{i,\eta,\varepsilon}(\omega, y))\, dy \\
&= f_0^+(z_{i,\eta}(x_{i,\eta})) \qquad (4.18)
\end{aligned}$$

quelque soit $\omega \in \Omega_{i,\eta}$. Posons $\Omega' := \bigcap_{\eta\in\mathbf{Q}^+} \bigcap_{i\in I_\eta} \Omega_{i,\eta}$ et fixons $\omega \in \Omega'$. De (4.18) on déduit

$$\begin{aligned}
\int_{\mathcal{O}} f_0^+(z_\eta)\, dx &= \sum_{i\in I_\eta} \int_{Q_{i,\eta}} f_0^+(z_\eta)\, dx \\
&= \sum_{i\in I_\eta} |Q_{i,\eta}|\, f_0^+(z_{i,\eta}(x_{i,\eta}))\, dx \\
&= \lim_{\varepsilon\to 0} \sum_{i\in I_\eta} |Q_{i,\eta}| \frac{1}{|C_{i,\eta,\varepsilon}|} \int_{C_{i,\eta,\varepsilon}\setminus T(\omega)} f^{\infty,p}(\nabla w_{i,\eta,\varepsilon}(\omega, y))\, dy \\
&= \lim_{\varepsilon\to 0} \sum_{i\in I_\eta} |Q_{i,\eta}| \frac{1}{|\varepsilon C_{i,\eta,\varepsilon}|} \int_{\varepsilon C_{i,\eta,\varepsilon}\setminus \varepsilon T(\omega)} f^{\infty,p}(\nabla w_{i,\eta,\varepsilon}(\omega, \frac{y}{\varepsilon}))dy \\
&= \lim_{\varepsilon\to 0} \sum_{i\in I_\eta} \frac{|\frac{1}{\varepsilon} Q_{i,\eta}|}{|C_{i,\eta,\varepsilon}|} \int_{Q_{i,\eta}\setminus \varepsilon T(\omega)} f^{\infty,p}(\nabla w_{i,\eta,\varepsilon}(\omega, \frac{y}{\varepsilon}))dy \\
&= \lim_{\varepsilon\to 0} \sum_{i\in I_\eta} \int_{Q_{i,\eta}\setminus T_\varepsilon(\omega)} f^{\infty,p}(\nabla w_{i,\eta,\varepsilon}(\omega, \frac{y}{\varepsilon}))\, dy. \qquad (4.19)
\end{aligned}$$

On a utilisé le fait que $\lim_{\varepsilon\to 0} \frac{|\frac{1}{\varepsilon} Q_{i,\eta}|}{|C_{i,\eta,\varepsilon}|} = 1$ et que $w_{i,\eta,\varepsilon} = 0$ à l'extérieur de $C_{i,\varepsilon,\eta} \setminus T(\omega)$.

Définissons la fonction $u_{\eta,\varepsilon}$ suivante

$$u_{\eta,\varepsilon}(x) := (\frac{1}{\theta} v + \varepsilon \xi_{\varepsilon,\eta}(\omega, \frac{\hat{x}}{\varepsilon})) + \sum_{i\in I_\eta} w_{i,\eta,\varepsilon}(\omega, \frac{x}{\varepsilon}) 1_{Q_{i,\eta}}(x). \qquad (4.20)$$

où la fonction $\xi_{\varepsilon,\eta} \in L^p(\mathcal{O}, \mathbf{M}^{3\times 2})$ est définie de la manière suivante :

$$\begin{aligned}
\theta \int_{\mathcal{O}} g^\perp(\frac{1}{\theta}\frac{\partial u}{\partial x_3})dx &= \theta \int_{\mathcal{O}} \inf_{\xi\in\mathbf{M}^{3\times 2}} g\left(\xi + \frac{1}{\theta}\hat{\nabla} u,\ \frac{1}{\theta}\frac{\partial u}{\partial x_3}\right) dx \\
&\geq \theta \int_{\mathcal{O}} g\left(\xi_\eta + \hat{\nabla} u, \frac{1}{\theta}\frac{\partial u}{\partial x_3}\right) dx - \eta. \qquad (4.21)
\end{aligned}$$

La mesurabilité de $x \mapsto \xi_\eta(x)$ vient de la coercivité de g et du théorème de sélection mesurable (voir [9]). De plus par la densité de $C_c^1(\mathcal{O}, \mathrm{M}^{3\times 2})$ dans $L^p(\mathcal{O}, \mathrm{M}^{3\times 2})$ et la propriété de Lipschitz de la fonction convexe g on peut supposer $\xi_\eta \in C_c^1(\mathcal{O}, \mathrm{M}^{3\times 2})$. On pose alors $\xi_{\varepsilon,\eta} := \varepsilon\rho(\omega, .)\xi_\eta$ où $\rho(\omega, .) \in C_c^1(\mathbb{R}^2, \mathbb{R}^2)$ et $\rho(\omega, \hat{y}) = \hat{y}$ pour tout $\hat{y} \in D(\omega)$.

Il est facile de voir que, $a(\omega, \frac{\cdot}{\varepsilon})u_{\eta,\varepsilon} = a(\omega, \frac{\cdot}{\varepsilon})(\frac{1}{\theta}v + \varepsilon\xi_{\varepsilon,\eta}(\omega, \frac{\hat{x}}{\varepsilon}))$. D'autre part

$$\lim_{\varepsilon\to 0} a(\omega, \frac{\cdot}{\varepsilon})u_{\eta,\varepsilon} = v \text{ faiblement dans } L^p(\mathcal{O}, \mathbb{R}^3),$$
$$\lim_{\eta\to 0}\lim_{\varepsilon\to 0} u_{\eta,\varepsilon} = \frac{1}{\theta}v + u - \frac{1}{\theta}v = u \text{ faiblement dans } L^p(\mathcal{O}, \mathbb{R}^3).$$

La première limite est une conséquence directe de la Proposition 1.2.2 (i.e $a(\omega, \frac{\cdot}{\varepsilon}) \rightharpoonup \theta$). Pour établir la seconde, il nous suffit de remarquer que puisque la $w_{i,\eta,\varepsilon} \in \mathrm{adm}_{C_{i,\eta,\varepsilon}}(\omega, z_{i,\eta})$,

$$\begin{aligned}
\fint_{Q_{i,\eta}} w_{i,\eta,\varepsilon}(\omega, \frac{x}{\varepsilon})\, dx &= \frac{1}{|Q_{i,\eta}|}\int_{\varepsilon C_{i,\eta,\varepsilon}} w_{i,\eta,\varepsilon}(\omega, \frac{x}{\varepsilon})\, dx \\
&= \frac{|C_{i,\eta,\varepsilon}|}{|\frac{1}{\varepsilon}Q_{i,\eta}|}\fint_{\varepsilon C_{i,\eta,\varepsilon}} w_{i,\eta,\varepsilon}(\omega, \frac{x}{\varepsilon})\, dx \\
&= \frac{|C_{i,\eta,\varepsilon}|}{|\frac{1}{\varepsilon}Q_{i,\eta}|}\fint_{C_{i,\eta,\varepsilon}} w_{i,\eta,\varepsilon}(\omega, x)\, dx \\
&= \frac{|C_{i,\eta,\varepsilon}|}{|\frac{1}{\varepsilon}Q_{i,\eta}|} z_{i,\eta}.
\end{aligned}$$

En faisant tendre successivement $\varepsilon \to 0$ et $\eta \to 0$ on obtient $\lim_{\eta\to 0}\lim_{\varepsilon\to 0} u_{\eta,\varepsilon} = u$.

Revenons à (4.19). On a par définition de $u_{\eta,\varepsilon}$

$$\begin{aligned}
\int_{\mathcal{O}} f_0^+(z_{\delta,\eta})\, dx &= \lim_{\varepsilon\to 0}\sum_{i\in I_\eta}\int_{Q_{i,\eta}\setminus T_\varepsilon(\omega)} f^{\infty,p}(\nabla w_{i,\eta,\varepsilon}(\omega, \frac{x}{\varepsilon}))\, dx \\
&= \lim_{\varepsilon\to 0}\int_{\mathcal{O}\setminus T_\varepsilon(\omega)} f^{\infty,p}(\nabla u_{\eta,\varepsilon}(\omega, \frac{x}{\varepsilon}))\, dx = \lim_{\varepsilon\to 0} F_\varepsilon(\omega, u_{\eta,\varepsilon}(\omega, .)).
\end{aligned}$$

En passant à la limite lorsque $\eta \to 0$ et en remarquant que la fonction $w \mapsto \int_{\mathcal{O}} f_0^+(w)dx$ est continue dans $L^p(\mathcal{O}, \mathbb{R}^3)$, on obtient

$$\int_{\mathcal{O}} f_0^+(u - \frac{1}{\theta}v) = \lim_{\eta\to 0}\lim_{\varepsilon\to O} F_\varepsilon(\omega, u_{\eta,\varepsilon}(\omega, .)) \tag{4.22}$$

De plus, par (4.21)

$$\lim_{\eta\to 0}\lim_{\varepsilon\to 0} G_\varepsilon(\omega, a(\omega, \frac{\cdot}{\varepsilon})u_{\delta,\eta,\varepsilon}) = \theta\int_{\mathcal{O}} g^\perp(\frac{1}{\theta}\frac{\partial v}{\partial x_3})\, dx. \tag{4.23}$$

Enfin, par un argument classique de diagonalisation on obtient :

$$
\begin{aligned}
&(u_\varepsilon(\omega,.), a(\omega,\frac{\cdot}{\varepsilon})u_\varepsilon) \rightharpoonup (u,v) \quad \text{dans } L^p(\mathcal{O},\mathbb{R}^3)\times V_0 \\
&\lim_{\varepsilon\to 0} F_\varepsilon(\omega,u_\varepsilon(\omega,.)) = \int_{\mathcal{O}} f_0^+(u-\frac{1}{\theta}v)dx \\
&\lim_{\varepsilon\to 0} G_\varepsilon(\omega,u_\varepsilon(\omega,.)) = \theta\int_{\mathcal{O}} g^\perp(\frac{1}{\theta}\frac{\partial v}{\partial x_3})\,dx.
\end{aligned}
\tag{4.24}
$$

Étape 2. On établit le résultat de l' *Étape 1.* en supposant seulement $(u,v)\in L^p(\mathcal{O},\mathbb{R}^3)\times\Big(\mathcal{C}_c^1(\mathcal{O},\mathbb{R}^3)\cap V_0(\mathcal{O},\mathbb{R}^3)\Big)$.

On peut construire une suite $(u_n(\omega,.),v)$ de $\mathcal{C}_c^1(\mathcal{O},\mathbb{R}^3)\times\Big(\mathcal{C}_c^1(\mathcal{O},\mathbb{R}^3)\cap V_0(\mathcal{O},\mathbb{R}^3)\Big)$ où u_n converge fortement vers u dans $L^p(\mathcal{O},\mathbb{R}^3)$. D'après l'*Étape 1.*, nous pouvons construire une suite $(u_{\varepsilon,n})_{\varepsilon>0}$ convergeant faiblement vers u_n vérifiant (4.17). On obtient alors notre résultat par diagonalisation.

Étape 3. (Relaxation). Soit $v\in\mathcal{C}_c^1(\mathcal{O},\mathbb{R}^3)\cap V_0(\mathcal{O},\mathbb{R}^3)$. Alors $G_0(v)=\theta\int_{\mathcal{O}}(g^\perp)^{**}(\frac{1}{\theta}\frac{\partial v}{\partial x_3})\,dx$. Par un résultat classique de relaxation il existe une suite $(\zeta_n)_{n\in\mathbb{N}}$ dans $\mathcal{C}_c^1(\mathcal{O},\mathbb{R}^3)$ convergeant faiblement vers $\frac{\partial v}{\partial x_3}$ dans $L^p(\mathcal{O},\mathbb{R}^3)$ telle que

$$
\lim_{n\to+\infty}\int_{\mathcal{O}} g^\perp(\frac{1}{\theta}\zeta_n) = \int_{\mathcal{O}}(g^\perp)^{**}(\frac{1}{\theta}\frac{\partial v}{\partial x_3})dx. \tag{4.25}
$$

Pour tout $x\in\mathcal{O}$, considérons $v_n\in V_0$ définie par

$$
v_n(x) := \int_0^{x_3}\zeta_n(\hat{x},s)\,ds.
$$

Alors $\frac{\partial v_n}{\partial x_3}\rightharpoonup\frac{\partial v}{\partial x_3}$ dans$L^p(\mathcal{O},\mathbb{R}^3)$ de sorte que $v_n\rightharpoonup v$ dans $L^p(\mathcal{O},\mathbb{R}^3)$. De (4.25) on déduit que $(v_n)_{n\in\mathbb{N}}$ est une suite de $\mathcal{C}^1(\overline{\mathcal{O}},\mathbb{R}^3)\cap V_0$ convergeant faiblement vers v dans $L^p(\mathcal{O},\mathbb{R}^3)$ et vérifiant

$$
\lim_{n\to+\infty}\theta\int_{\mathcal{O}} g^\perp(\frac{1}{\theta}\frac{\partial v_n}{\partial x_3}) = G_0(\frac{1}{\theta}v).
$$

Grâce à l'étape précédente, par diagonalisation, il existe $(u_\varepsilon(\omega,.))_{\varepsilon>0}\in L^p(\mathcal{O},\mathbb{R}^3)$ vérifiant

$$
\begin{aligned}
&(u_\varepsilon(\omega,.), a(\omega,\frac{\cdot}{\varepsilon}u_\varepsilon(\omega,.)) \rightharpoonup (u,v) \quad \text{dans } L^p(\mathcal{O},\mathbb{R}^3)\times V_0 \\
&\lim_{\varepsilon\to 0} F_\varepsilon(\omega,u_\varepsilon(\omega,.)) = \int_{\mathcal{O}} f_0^+(u-\frac{1}{\theta}v)dx \\
&\lim_{\varepsilon\to 0} G_\varepsilon(\omega,u_\varepsilon(\omega,.)) = G_0(\frac{1}{\theta}v)
\end{aligned}
\tag{4.26}
$$

Étape 4. Appliquons maintenant le résultat (4.26) pour $(u, v_\eta) \in L^p(\mathcal{O}, \mathbb{R}^3) \times V_0$ où v_η est une suite régulière qui minimise $H_0(u)$. Il existe alors une suite $u_{\varepsilon,\eta} \in W_0^{1,p}(\mathcal{O}, \mathbb{R}^3)$ convergeant faiblement vers u dans $L^p(\mathcal{O}, \mathbb{R}^3)$ telle que

$$\lim_{\varepsilon\to 0} H_\varepsilon(\omega, u_{\varepsilon,\eta}(\omega, .)) = \int_{\mathcal{O}} f_0^+(u - \frac{1}{\theta}v)dx + G_0(\frac{1}{\theta}v) + \eta.$$

On termine la preuve en passant à la limite $\eta \to 0$ et en utilisant une nouvelle fois un argument de diagonalisation.

□

4.3.3 Estimation de la borne variationnelle de la Γ-limite inférieure

L'estimation de la borne inférieure de la Γ-limite inférieure est obtenue dans les deux sous-sections qui suivent.

4.3.3.1 Estimation de la borne inférieure dans la matrice.

Proposition 4.3.2. *Pour tout* $(u_\varepsilon, \mathbf{1}_{\mathcal{O}\cap T_\varepsilon} u_\varepsilon)$ *convergeant faiblement vers* (u, v) *dans* $L^p(\mathcal{O}, \mathbb{R}^3) \times V_0$ *avec* $\sup_{\varepsilon>0} H_\varepsilon(\omega, u_\varepsilon) < +\infty$, *on a pour* $\mathbf{P}$*-presque tout* ω *dans* Ω

$$F_0^-(u - \frac{1}{\theta}v) \leq \liminf_{\varepsilon\to 0} F_\varepsilon(\omega, u_\varepsilon).$$

Démonstration. On peut supposer

$$\liminf_{\varepsilon\to 0} F_\varepsilon(\omega, u_\varepsilon) < +\infty \tag{4.27}$$

et grâce à (4.3), que $F_\varepsilon(\omega, u_\varepsilon) = \varepsilon^p \int_{\mathcal{O}\setminus T_\varepsilon} f^{\infty,p}(\nabla u_\varepsilon)\, dx$. De plus, l'homogénéité de $f^{\infty,p}$ nous donne

$$\liminf_{\varepsilon\to 0} \varepsilon^p \int_{\mathcal{O}\setminus T_\varepsilon} f^{\infty,p}(\nabla u_\varepsilon)\, dx = \liminf_{\varepsilon\to 0} \int_{\mathcal{O}\setminus T_\varepsilon} f^{\infty,p}(\varepsilon\nabla u_\varepsilon)\, dx.$$

On veut montrer que pour tout $n \in \mathbb{N}^*$

$$\liminf_{\varepsilon\to 0} \int_{\mathcal{O}\setminus T_\varepsilon} f^{\infty,p}(\varepsilon\nabla u_\varepsilon)\, dx \geq \int_{\mathcal{O}} \!\!\!\!\!\!\!\! \int \frac{\mathcal{S}^-_{n\hat{Y}}}{n^2}(u - \frac{1}{\theta}v)dx.$$

Notons Step($\mathcal{O}$) l'ensemble des fonctions étagées w de la forme $w = \sum_{i\in I} z_i^* \mathbf{1}_{\mathcal{O}_i}$ où $(\mathcal{O}_i)_{i\in I}$ est une famille de cubes inclus dans $\mathcal{O}$ telle que $|\mathcal{O} \setminus \bigcup_{i\in I} \mathcal{O}_i| = 0$ et $z_i^* \in \mathbf{Q}^3$. Classiquement, l'espace Step($\mathcal{O}$) est un sous-espace dense de $L^q(\mathcal{O}, \mathbb{R}^3)$.

Considérons $w = \sum_{i\in I} z_i^* \mathbf{1}_{\mathcal{O}_i}$ dans Step($\mathcal{O}$) et fixons $n \in \mathbb{N}^*$. Soit $\sigma_{i,n}$ un minimiseur de $\left(\frac{\mathcal{S}^-_{n\hat{Y}}}{n^2}\right)^*(z_i^*)$ que l'on prolonge par 0 dans $D(\omega) \cap n\hat{Y}$. On prolonge ensuite par covariance $\sigma_{i,n}$ dans $\mathbb{R}^2 \setminus D(\omega)$ c'est à dire

$$\bar{\sigma}_{i,n}(\omega, \hat{x}) := \sigma_{i,n}(\tau_z \omega, \hat{x} - z) \text{ lorsque } \hat{x} \in n\hat{Y} + z, \; z \in n\mathbf{Z}^2.$$

Il est facile de constater que $\bar{\sigma}_{i,n}$ satisfait la *propriété de covariance suivante* : Pour tout $\hat{x} \in \mathbb{R}^2$ et tout $z \in n\mathbf{Z}^2$

$$\bar{\sigma}_{i,n}(\omega, \hat{x} + z) = \bar{\sigma}_{i,n}(\tau_z \omega, \hat{x}) \tag{4.28}$$

et, $\bar{\sigma}_{i,n}(\omega, .) = 0$ dans $D(\omega)$. Grâce aux conditions de bord satisfaites par $\sigma_{i,n}$ nous avons

$$-\text{div } \bar{\sigma}_{i,n} = z_i^* \text{ sur } \mathbb{R}^2 \setminus D(\omega).$$

Par la généralisation du Théorème ergodique de Birkhoff (Proposition 1.2.2) et par (4.28) on déduit pour $\mathbf{P}$-presque tout $\omega \in \Omega$

$$\int_{\mathcal{O}_i \setminus T_\varepsilon} (f^{\infty,p})^*(\bar{\sigma}_{i,n}(\omega, \frac{\hat{x}}{\varepsilon}), 0)\, dx = \int_{\mathcal{O}_i} (f^{\infty,p})^*(\bar{\sigma}_{i,n}(\omega, \frac{\hat{x}}{\varepsilon}), 0)\, dx \to |\mathcal{O}_i| \mathbf{E} \fint_{n\hat{Y}} (f^{\infty,p})^*(\sigma_{i,n}, 0)\, d\hat{x},$$

quand $\varepsilon \to 0$, i.e., par définition de $\sigma_{i,n}$,

$$\int_{\mathcal{O}_i \setminus T_\varepsilon} f^{\infty,p}(\bar{\sigma}_{i,n}(\omega, \frac{\hat{x}}{\varepsilon}), 0)\, dx \to |\mathcal{O}_i| \mathbf{E}\left(\frac{\mathcal{S}^-_{n\hat{Y}}}{n^2}\right)^*(z_i^*). \tag{4.29}$$

Soit $\Omega" = \bigcup_{z^* \in Q^3} \Omega_z^*$ où $P(\Omega_{z^*}) = 1$, Ω_{z^*} etant l'ensemble de probabilité 1 pour lequel la convergence (4.29) est vérifiée avec $z^* \in \mathbf{Q}^3$ fixé. La convergence (4.29) est donc valable pour tout ω dans $\Omega"$.

Soit $(\varphi_{i,\delta})_{i\in I}$ une famille de fonctions de $\mathcal{C}^1(\mathcal{O})$ qui localise la famille $(\mathcal{O})_{i\in I}$ avec $\varphi_{i,\delta} \to \mathbb{1}_{\mathcal{O}_i}$ presque partout quand $\delta \to 0$. À partir de l'inégalité de Fenchel, pour presque tout $x \in \mathcal{O} \backslash T_\varepsilon$ on a

$$\begin{aligned} f^{\infty,p}(\varepsilon \nabla u_\varepsilon(x)) &\geq f^{\infty,p}(\varepsilon \nabla u_\varepsilon(x)) \varphi_{i,\delta}(x) \\ &\geq \varepsilon \hat{\nabla} u_\varepsilon(x) : \overline{\sigma}_{i,n}(\omega, \frac{\hat{x}}{\varepsilon}) \varphi_{i,\delta}(x) - (f^{\infty,p})^*(\overline{\sigma}_{i,n}(\omega, \frac{\hat{x}}{\varepsilon}), 0) \varphi_{i,\delta}(x) \end{aligned}$$

En sommant pour $i \in I$ et en intégrant sur $\mathcal{O} \backslash T_\varepsilon$ on obtient

$$\int_{\mathcal{O} \backslash T_\varepsilon} f^{\infty,p}(\varepsilon \nabla u_\varepsilon) dx \geq \sum_{i \in I} \Big(\int_{\mathcal{O} \backslash T_\varepsilon} \varepsilon \nabla u_\varepsilon : \overline{\sigma}_{i,n}(\omega, \frac{\hat{x}}{\varepsilon}) \varphi_{i,\delta} dx - \int_{\mathcal{O}_i} (f^{\infty,p})^*(\overline{\sigma}_{i,n}(\omega, \frac{\hat{x}}{\varepsilon})) dx \Big).$$

En intégrant par partie le premier terme du membre de droite et en remarquant que

$$-\varepsilon \text{ div } \bar{\sigma}_{i,n}(\frac{\cdot}{\varepsilon}) = z_i^* \text{ dans } \hat{\mathcal{O}} \setminus \varepsilon D(\omega),$$

on obtient

$$
\begin{aligned}
\int_{\mathcal{O}\setminus T_\varepsilon} f^{\infty,p}(\varepsilon\nabla u_\varepsilon)\,dx \;\geq\; & \sum_{i\in I}\Big(\int_{\mathcal{O}\setminus T_\varepsilon} u_\varepsilon\cdot z_i^*\varphi_{i,\delta}dx - \int_{\mathcal{O}\setminus T_\varepsilon}\varepsilon u_\varepsilon\cdot\bar{\sigma}_{i,n}(\frac{\hat{x}}{\varepsilon})\text{grad}\,\varphi_{i,\delta}dx \\
&+ \int_{\partial T_\varepsilon\cap\mathcal{O}}\varepsilon u_\varepsilon.\sigma_{i,n}(\frac{\hat{x}}{\varepsilon})\nu\varphi_{i,\delta}\,d\mathcal{H}^2\Big) \\
&- \sum_{i\in I}\int_{\mathcal{O}_i}(f^{\infty,p})^*(\bar{\sigma}_{i,n}(\omega,\frac{\hat{x}}{\varepsilon}),0)dx \qquad (4.30)
\end{aligned}
$$

où ν est le vecteur unitaire normal sortant de $\varepsilon D(\omega)$. Nous allons maintenant montrer que le second terme

$$
\int_{\mathcal{O}\setminus T_\varepsilon}\varepsilon u_\varepsilon\cdot\bar{\sigma}_{i,n}(\frac{\hat{x}}{\varepsilon})\text{grad}\,\varphi_{i,\delta}dx
$$

du membre de droite de (4.30) tend presque sûrement vers 0 quand $\varepsilon\to 0$. En effet $\mathbf{1}_{\mathcal{O}\setminus T_\varepsilon}u_\varepsilon \rightharpoonup u-v$ dans $L^p(\mathcal{O},\mathbb{R}^3)$. D'autre part,

$$
\left|\frac{1}{\varepsilon}\widehat{\mathcal{O}}\setminus\sum_{z\in I_\varepsilon}(n\hat{Y}+z)\right| = 0,
$$

$\#(I_\varepsilon) = \frac{|\widehat{\mathcal{O}}|}{n^2\varepsilon^2}$ et

$$
\begin{aligned}
\int_{\mathcal{O}\setminus T_\varepsilon}\left|\bar{\sigma}_{i,n}(\frac{\hat{x}}{\varepsilon})\right|^q dx &= h\varepsilon^2\int_{\frac{1}{\varepsilon}\widehat{\mathcal{O}}\setminus D}|\bar{\sigma}_{i,n}(\hat{x})|^q\,d\hat{x} \\
&\leq \sum_{z\in I_\varepsilon}h\varepsilon^2\int_{n\hat{Y}+z\setminus D}|\bar{\sigma}_{i,n}(\hat{x})|^q\,d\hat{x} \\
&= \sum_{z\in I_\varepsilon}h\varepsilon^2\int_{n\hat{Y}\setminus D(\tau_z\omega)}|\bar{\sigma}_{i,n}(\tau_z\omega,\hat{x})|^q\,d\hat{x} \\
&= \frac{|\widehat{\mathcal{O}}|}{n^2}\frac{1}{\#(I_\varepsilon)}\sum_{z\in I_\varepsilon}\int_{n\hat{Y}\setminus D(\tau_z\omega)}|\bar{\sigma}_{i,n}(\tau_z\omega,\hat{x})|^q\,d\hat{x} \\
&\leq C\frac{1}{\#(I_\varepsilon)}\sum_{z\in I_\varepsilon}\frac{1}{n^2}\int_{nY\setminus T(\tau_z\omega)}(f^{\infty,p})^*(\bar{\sigma}_{i,n}(\tau_z\omega,y),0)\,dy \\
&= C\frac{1}{\#(I_\varepsilon)}\sum_{z\in I_\varepsilon}\Big(\frac{\mathcal{S}^-_{n\hat{Y}}(\tau_z\omega,.)}{n^2}\Big)^*(z_i^*) \qquad (4.31)
\end{aligned}
$$

où l'avant dernière ligne provient de la coercivité de $(f^{\infty,p})^*$, et la constante C est une constante positive ne dépendant que de la mesure de $\widehat{\mathcal{O}}$. D'autre part, grâce à la Proposition 1.2.2 nous avons pour presque tout $\omega\in\Omega$

$$
\lim_{\varepsilon\to 0}\frac{1}{\#(I_\varepsilon)}\sum_{z\in I_\varepsilon}\Big(\frac{\mathcal{S}^-_{n\hat{Y}}(\tau_z\omega,.)}{n^2}\Big)^*(z_i^*) = \mathbf{E}\Big(\Big(\frac{\mathcal{S}^-_{n\hat{Y}}}{n^2}\Big)^*(z_i^*)\Big).
$$

Ainsi, $\sup_{\varepsilon>0}\int_{\mathcal{O}\setminus T_\varepsilon}\left|\bar\sigma_{i,n}(\frac{\hat x}{\varepsilon})\right|^q\,dx<+\infty$ et l'assertion est prouvée.

En passant à la limite dans (4.30), des considérations précédentes et de (4.29) on obtient

$$\begin{aligned}\liminf_{\varepsilon\to 0}\int_{\mathcal{O}\setminus T_\varepsilon} f^{\infty,p}(\varepsilon\nabla u_\varepsilon)\,dx &\geq \sum_{i\in I}\int_{\mathcal{O}}(u-v).z_i^*\varphi_{i,\delta}\,dx-\sum_{i\in I}|\mathcal{O}_i|\mathbf{E}\Big(\frac{\mathcal{S}^-_{n\hat Y}}{n^2}\Big)^*(z_i^*)\\ &+\sum_{i\in I}\liminf_{\varepsilon\to 0}\int_{\partial T_\varepsilon\cap\mathcal{O}}\varepsilon u_\varepsilon.\bar\sigma_{i,n}(\frac{\hat x}{\varepsilon})\nu\varphi_{i,\delta}\,d\mathcal{H}^2. \qquad (4.32)\end{aligned}$$

En prenant en considération le fait que l'énergie dans les fibres est uniformément bornée nous allons maintenant estimer la limite

$$\liminf_{\varepsilon\to 0}\int_{\partial T_\varepsilon\cap\mathcal{O}}\varepsilon u_\varepsilon.\bar\sigma_{i,n}(\frac{\hat x}{\varepsilon})\nu\varphi_{i,\delta}\,d\mathcal{H}^2.$$

Lemme 4.3.1.

$$\liminf_{\varepsilon\to 0}\int_{\partial T_\varepsilon\cap\mathcal{O}}\varepsilon u_\varepsilon.\bar\sigma_{i,n}(\frac{\hat x}{\varepsilon})\nu\varphi_{i,\delta}\,d\mathcal{H}^2=\int_{\mathcal{O}}v\big(1-\frac{|n\hat Y|}{|n\hat Y\cap D|}\big)z_i^*\varphi_{i,\delta}. \qquad (4.33)$$

Preuve du Lemme . Considérons le problème de Neumann (aléatoire) non homogène défini dans $n\hat Y\cap D(\omega)$ par :

$$\begin{cases}-\operatorname{div}\big(|\nabla U|^{p-2}\nabla U\big)=\big(1-\dfrac{|n\hat Y|}{|n\hat Y\cap D(\omega)|}\big)z_i^* \text{ in } n\hat Y\cap D(\omega)\\ |\nabla U|^{p-2}\nabla U.\nu=-\sigma_{i,n}.\nu \text{ in } \partial D(\omega)\cap n\hat Y.\end{cases} \qquad (4.34)$$

Notons que le problème (4.34) est bien posé car le critère de compatibilité suivant est vérifié

$$\int_{\partial D(\omega)\cap n\hat Y}-\sigma_{i,n}.\nu d\mathcal{H}^1+\int_{D(\omega)\cap n\hat Y}\big(1-\frac{|n\hat Y|}{|n\hat Y\cap D(\omega)|}\big)z_i^*\,d\hat x=0$$

i.e.

$$\int_{\partial D\cap n\hat Y}-\sigma_{i,n}.\nu d\mathcal{H}^1+\big(|n\hat Y\cap D(\omega)|-|n\hat Y|\big)z_i^*=0.$$

En effet $\sigma_{i,n}\in \operatorname{adm}^*_{n\hat Y}(z_i^*)$ ce qui signifie que

$$\text{-div}\,\sigma_{i,n}=z_i^* \text{ dans } n\hat Y\setminus D(\omega) \text{ et } \sigma_{i,n}\mu=0 \text{ sur } \partial n\hat Y,$$

où μ est le vecteur normal sortant de $\partial n\hat Y$. Par conséquent, en intégrant sur $n\hat Y\setminus D(\omega)$, et en utilisant la formule de Green,

$$-\int\sigma_{i,n}\mu\,d\mathcal{H}^1=|n\hat Y\setminus D(\omega)|z_i^*=\big(|n\hat Y|-|n\hat Y\cap D(\omega)|\big)z_i^*.$$

Il existe au moins une solution du problème (4.34) (cf [3] chapitre 15).

Soit $\xi_{i,\eta} = \nabla U$ que l'on prolonge sur $D(\omega)$ par covariance (i.e $\bar{\xi}_{i,n}(\omega, \hat{x}) := \xi_{i,n}(\tau_z\omega, \hat{x} - z)$ pour $\hat{x} \in n\hat{Y} + z$, $z \in n\mathbf{Z}^2$). Du problème (4.34) et par la formule de Green, on déduit

$$\begin{aligned}\int_{\partial T_\varepsilon \cap \mathcal{O}} \varepsilon u_\varepsilon . \bar{\sigma}_{i,n}(\frac{\hat{x}}{\varepsilon}) \nu \varphi_{i,\delta}\, d\mathcal{H}^2 &= \int_{T_\varepsilon \cap \mathcal{O}} \varepsilon \hat{\nabla} u_\varepsilon : \bar{\xi}_{i,n}(\frac{\hat{x}}{\varepsilon}) \varphi_{i,\delta}\, dx - \int_{\mathcal{O} \cap T_\varepsilon} \varepsilon u_\varepsilon . \bar{\xi}_{i,n}(\frac{\hat{x}}{\varepsilon}) \mathrm{grad} \varphi_{i,\delta}\, dx \\ &+ \int_{\mathcal{O} \cap T_\varepsilon} u_\varepsilon (1 - \frac{|n\hat{Y}|}{|n\hat{Y} \cap D(\omega)|}) z_i^* \varphi_{i,\delta} dx. \qquad (4.35)\end{aligned}$$

En répétant les arguments qui ont conduit à l'estimation (4.31), on obtient pour $\mathbf{P}$-presque tout ω de Ω

$$\int_{T_\varepsilon \cap \mathcal{O}} \left| \bar{\xi}_{i,n}(\omega, \frac{\hat{x}}{\varepsilon}) \right|^q dx \to \mathbf{E}\Big(\int_{n\hat{Y} \cap D(\omega)} |\xi_{i,n}(.,x)|^q \, dx \Big)$$

de sorte que $\sup_{\varepsilon > 0} \int_{T_\varepsilon \cap \mathcal{O}} \left| \bar{\xi}_{i,n}(\omega, \frac{\hat{x}}{\varepsilon}) \right|^q dx < +\infty$.

De plus, du fait que $\sup_{\varepsilon > 0} H_\varepsilon(\omega, u_\varepsilon) < +\infty$, on déduit

$$\sup_{\varepsilon > 0} \int_{T_\varepsilon \cap \mathcal{O}} |\nabla u_\varepsilon|^p \, dx < +\infty$$

et l'inégalité de Poincaré entraîne

$$\sup_{\varepsilon > 0} \int_{T_\varepsilon \cap \mathcal{O}} |u_\varepsilon|^p \, dx < +\infty.$$

L'estimation voulue (4.33) est donc obtenue en faisant tendre $\varepsilon \to 0$ dans l'égalité (4.35) ce qui termine la preuve du Lemme. □

En revenant à (4.32), par l'estimation (4.33) du Lemme 4.3.1 nous obtenons

$$\begin{aligned}\liminf_{\varepsilon \to 0} \int_{\mathcal{O} \setminus T_\varepsilon} f^{\infty,p}(\varepsilon \nabla u_\varepsilon)\, dx &\geq \sum_{i \in I} \int_{\mathcal{O}} (u - v).z_i^* \varphi_{i,\delta}\, dx + \sum_{i \in I} \int_{\mathcal{O}} v (1 - \frac{|n\hat{Y}|}{|n\hat{Y} \cap D(\omega)|}) z_i^* \\ &- \sum_{i \in I} |\mathcal{O}_i| \mathbf{E}\Big(\frac{\mathcal{S}^-_{n\hat{Y}}}{n^2}\Big)^* (z_i^*),\end{aligned}$$

et donc en passant à la limite quand $\delta \to 0$

$$\liminf_{\varepsilon \to 0} \int_{\mathcal{O} \setminus T_\varepsilon} f^{\infty,p}(\varepsilon \nabla u_\varepsilon)\, dx \geq \int_{\mathcal{O}} (u - \frac{|n\hat{Y}|}{|n\hat{Y} \cap D(\omega)|} v).w\, dx - \int_{\mathcal{O}} \mathbf{E}\Big(\frac{\mathcal{S}^-_{n\hat{Y}}}{n^2}\Big)^* (w)\, dx. \qquad (4.36)$$

Or, par le Théorème 1.3.1,

$$\mathbf{E}\Big(\frac{\mathcal{S}^-_{n\hat{Y}}}{n^2}\Big)^* = \Big(⨏\frac{\mathcal{S}^-_{n\hat{Y}}}{n^2}\Big)^*$$

d'où on déduit par passage au supremum sur les fonctions $w \in \text{Step}(\mathcal{O})$ dans (4.36),

$$\liminf_{\varepsilon\to 0}\int_{\mathcal{O}\setminus T_\varepsilon} f^{\infty,p}(\varepsilon\nabla u_\varepsilon)\,dx \geq \int_{\mathcal{O}} ⨏\frac{\mathcal{S}^-_{n\hat{Y}}}{n^2}\Big(u - \frac{|n\hat{Y}|}{|n\hat{Y}\cap D(\omega)|}v\Big)\,dx.$$

D'autre part il est facile de voir que $⨏\frac{\mathcal{S}^-_{n\hat{Y}}}{n^2}$ est localement Lipschitzienne :

$$\left|⨏\frac{\mathcal{S}^-_{n\hat{Y}}}{n^2}(\xi) - ⨏\frac{\mathcal{S}^-_{n\hat{Y}}}{n^2}(\xi')\right| \leq \ell'|\xi-\xi'|(|\xi|^{p-1}+|\xi'|^{p-1})$$

avec $\ell' > 0$ (il suffit d'utiliser les propriétés de croissance et de convexité vérifiées par $⨏\frac{\tilde{S}_{nY}}{n^3}$) d'où

$$\begin{aligned}
\liminf_{\varepsilon\to 0}\int_{\mathcal{O}\setminus T_\varepsilon} f^{\infty,p}(\varepsilon\nabla u_\varepsilon)\,dx &\geq \int_{\mathcal{O}} ⨏\frac{\mathcal{S}^-_{n\hat{Y}}}{n^2}\Big(u - \frac{|n\hat{Y}|}{|n\hat{Y}\cap D|}v\Big)\,dx \\
&\geq \int_{\mathcal{O}} ⨏\frac{\mathcal{S}^-_{n\hat{Y}}}{n^2}\Big(u - \frac{1}{\theta}v\Big)\,dx \\
&\quad - L'\left|\frac{|n\hat{Y}|}{|n\hat{Y}\cap D(\omega)|} - \frac{1}{\theta}\right|\Big(\big(\frac{|n\hat{Y}|}{|n\hat{Y}\cap D(\omega)|}\big)^{p-1} + \big(\frac{1}{\theta}\big)^{p-1}\Big).
\end{aligned}$$

Le résultat final s'obtient en passant à la limite en $n \in \mathbb{N}^*$, en utilisant le Corollaire 4.2.1 ainsi que le théorème ergodique de Birkoff (cf Théorème 1.2.1). En effet pour $\mathbf{P}$-presque tout ω de Ω

$$\begin{aligned}
\lim_{n\to+\infty}\frac{|n\hat{Y}\cap D|}{|n\hat{Y}|} &= \lim_{n\to+\infty}\frac{1}{n^2}\sum_{z\in I_n}|(\hat{Y}+z)\cap D(\omega)| \\
&= \lim_{n\to+\infty}\frac{1}{n^2}\sum_{z\in I_n}|\hat{Y}\cap D(\omega)(\tau_z(\omega))| = \mathbf{E}(|\hat{Y}\cap D(\omega)|) := \theta.
\end{aligned}$$

□

4.3.3.2 Estimation de la borne inférieure dans les fibres.

Proposition 4.3.3. *Pour tout u_ε tel que $a(\omega,\frac{\cdot}{\varepsilon})u_\varepsilon$ converge faiblement vers u dans $L^p(\mathcal{O},\mathbb{R}^3)$ on a pour $\mathbf{P}$-presque tout $\omega\in\Omega$*

$$\widetilde{G}_0(u) \leq \liminf_{\varepsilon\to 0} G_\varepsilon(\omega,u_\varepsilon),$$

pour la topologie $\sigma(L^\infty(\mathcal{O},\mathbb{R}^3),L^1(\mathcal{O},\mathbb{R}^3))$.

Démonstration. En utilisant la Proposition 1.2.2 du Chapitre 1, presque sûrement $a(\omega, \frac{\cdot}{\varepsilon}) \rightharpoonup \theta$. Dans la suite de la preuve, on fixe $\omega \in \Omega$ pour lequel cette convergence a lieu. On peut supposer d'autre part $\liminf_{\varepsilon \to 0} G_\varepsilon(u_\varepsilon) < +\infty$. Par le principe de dualité de Moreau-Rockafellar, pour tout ϕ in $L^q(\mathcal{O}, \mathbb{R}^3)$ où $q = \frac{p}{p-1}$ est l'exposnat conjugué de p, on a :

$$\begin{aligned}
\liminf_{\varepsilon \to 0} G_\varepsilon(u_\varepsilon) &\geq \liminf_{\varepsilon \to 0} \int_{\mathcal{O} \cap T_\varepsilon(\omega)} (g^\perp)^{**}(\frac{\partial u_\varepsilon}{\partial x_3}) dx \\
&\geq \liminf_{\varepsilon \to 0} \Big(\int_{\mathcal{O}} a(\omega, \frac{\hat{x}}{\varepsilon}) \phi . \frac{\partial u_\varepsilon}{\partial x_3} dx - \int_{\mathcal{O}} a(\omega, \frac{\hat{x}}{\varepsilon}) (g^\perp)^*(\phi) dx \Big) \\
&= \int_{\mathcal{O}} \phi . \frac{\partial u}{\partial x_3} dx - \theta \int_{\mathcal{O}} (g^\perp)^*(\phi) dx \\
&= \theta \left[\int_{\mathcal{O}} \frac{1}{\theta} \phi \frac{\partial v}{\partial x_3} dx - \int_{\mathcal{O}} (g^\perp)^*(\phi) dx \right].
\end{aligned}$$

En passant au sup sur toutes les fonctions ϕ de $L^q(\mathcal{O}, \mathbb{R}^3)$ on obtient finalement

$$\begin{aligned}
\liminf_{\varepsilon \to 0} G_\varepsilon(u_\varepsilon) &\geq \theta \sup_{\phi \in L^q(\mathcal{O}, \mathbb{R}^3)} \left[\int_{\mathcal{O}} \frac{1}{\theta} \phi \frac{\partial v}{\partial x_3} dx - \int_{\mathcal{O}} (g^\perp)^*(\phi) dx \right] \\
&= \theta \int_{\mathcal{O}} (g^\perp)^{**} (\frac{1}{\theta} \frac{\partial v}{\partial x_3}) dx
\end{aligned}$$

ce qui termine la preuve. □

4.4 Le cas périodique

On se place dans le cas particulier où les sections des fibres sont périodiquement réparties, i.e., dans le cas d'un échiquier aléatoire avec $\#(\Omega_0) = 1$. Nous allons montrer que l'encadrement établi dans le Théorème 4.3.1 permet de retrouver le résultat de Γ-convergence établi par M. Bellieud, M. Bellieud & G. Bouchitté.

Nous définissons les densités suivantes $f_\#^-$ et $f_\#^+$ correspondant aux densités f_0^- et f_0^+ par

$$f_\#^-(\xi) = \inf \left\{ \int_{\hat{Y}} f^{\infty,p}(\nabla w, 0) \, dx : w \in \text{adm}_\#^- \right\}$$
$$f_\#^+(\xi) = \inf \left\{ \int_{\hat{Y} \times (0,1)} f^{\infty,p}(\nabla w) \, dx : w \in \text{adm}_\#^+ \right\}$$

où ξ de $\mathbb{R}^3$ et

$$\text{adm}_\#^- := \left\{ w \in W_\#(\hat{Y}, \mathbb{R}^3) : \int_{\hat{Y}} w \, d\hat{x} = \xi, \; w = 0 \text{ dans } D \right\}$$
$$\text{adm}_\#^+ := \left\{ w \in W_\#(Y, \mathbb{R}^3) : \int_{Y} w \, dx = \xi, \; w = 0 \text{ dans } D \right\}$$

et nous définissons les fonctionnelles énergies suivantes pour tout u dans $L^p(\mathcal{O},\mathbb{R}^3)$

$$F^-_{\#}(u) = \int_{\mathcal{O}} f^-_{\#}(u)\,dx, \quad F^+_{\#}(u) = \int_{\mathcal{O}} f^+_{\#}(u)\,dx.$$

La fonction G_0 est définie comme dans le cadre stochastique avec $\theta = |\hat{Y} \cap D|$.

Théorème 4.4.1. *Avec les notations précédentes nous avons*
i) $f^-_{\#} = f^-_0 = f^+_{\#}$,
ii) $F^-_{\#} \underset{e}{+} G_0 \leq \Gamma - \liminf H_\varepsilon \leq \Gamma - \limsup H_\varepsilon \leq F^+_{\#} \underset{e}{+} G_0$.
En conséquence la suite des fonctionnelles $(H_\varepsilon)_{\varepsilon>0}$ *Γ-converge vers* $F^-_{\#} \underset{e}{+} G_0 = F^+_{\#} \underset{e}{+} G_0$.

Démonstration. Démontrons i).En reproduisant la preuve de la Proposition 2.1.2 du Chapitre 2, on obtient $f^-_{\#} = f^-_0$. Pour tout ξ fixé de $\mathbb{R}^3$, par l'inégalité de Jensen on obtient $f^+_{\#}(\xi) \geq f^-_{\#}(\xi)$. D'autre part, pour toute fonction $w \in \mathrm{adm}^-_{\#}$ la fonction $\tilde{w}$ définie par $\tilde{w}(x) := w(\hat{x})$ appartient à $w \in \mathrm{adm}^+_{\#}$ de sorte que $f^+_{\#}(\xi) \leq f^-_{\#}(\xi)$.

Démontrons ii). L'inégalité $F^-_{\#} \underset{e}{+} G_0 \leq \Gamma - \liminf H_\varepsilon$ est une simple conséquence de l'inégalité $F^-_0 \underset{e}{+} G_0 \leq \Gamma - \liminf H_\varepsilon(\omega, .)$ du Théorème 4.3.1, et de $f^-_{\#} = f^-_0$.

D'autre part, avec les notations de la preuve de la Proposition 4.3.2, Etape 1, soit $w_{i,\eta} \in \mathrm{adm}^+_{\#}$ vérifiant

$$\int_Y f^{\infty,p}(\nabla w_{i,\eta})\,dx = f^+_{\#}(z_{i,\eta}(x_{i,\eta}))$$

prolongé par Y-périodicité. Comme

$$f^{\infty,p}(\nabla w_{i,\eta}(\frac{y}{\varepsilon})) \rightharpoonup \int_Y f^{\infty,p}(\nabla w_{i,\eta})\,dx$$

$\sigma(L^1, L^\infty)$, on obtient l'inégalité suivante correspondant à l'inégalité (4.19)

$$\int_{\mathcal{O}} f^+_{\#}(z_\eta)\,dx = \lim_{\varepsilon\to 0} \sum_{i\in I_\eta} \int_{Q_{i,\eta}\setminus T_\varepsilon} f^{\infty,p}(\nabla w_{i,\eta}(\frac{y}{\varepsilon}))\,dy.$$

Définissons comme dans (4.20) la fonction $u_{\eta,\varepsilon}$ par

$$u_{\eta,\varepsilon}(x) :== (\frac{1}{\theta}v + \varepsilon\xi_{\varepsilon,\eta}(\frac{\hat{x}}{\varepsilon})) + \sum_{i\in I_\eta} w_{i,\eta}(\frac{x}{\varepsilon})1_{Q_{i,\eta}}(x),$$

où la fonction $\xi_{\varepsilon,\eta}$ est définie à partir de (4.21) avec d'évidentes modifications. On termine alors la démonstration comme dans la preuve de la Proposition 4.3.2 pour obtenir l'inégalité $F^-_{\#} \underset{e}{+} G_0 \leq \Gamma - \liminf H_\varepsilon$. □

APPROCHE NUMÉRIQUE. 5

Résumé :

Afin de valider nos différents résultats, nous réalisons une étude numérique comparative des problèmes initiaux et limites des différents chapitres. On se placera alors dans le cas où $f = g = \frac{1}{2}|.|^2$, p=2 et où les fibres sont de forte rigidité.

- Pour le Chapitre 2 (passage 3D-2D), nous procédons à une résolution numérique des problèmes $(\mathcal{P})$ et $(\mathcal{P}_{\varepsilon,h(\varepsilon)})$ (problème non-rescalé) avec estimation numérique de l'erreur pour ε très petit. Nous utilisons la méthode des éléments finis afin de discrétiser ces problèmes variationnels continus.

- Pour le Chapitre 3 qui concerne la reconstruction d'un problème 3D à partir de problèmes plaques homogènes et déterministes 2D, on comparera alors le problème $\min_{u \in L^p(\mathcal{O},\mathbb{R})} E_\varepsilon(u)$ avec le problème limite obtenu. Cette comparaison sera faite dans un premier temps, dans le cas simple d'une distribution aléatoire des sections de fibre indépendante de x_3 (i.e les fibres sont verticales et traversent tout le domaine), puis dans le cas d'une distribution variant suivant x_3.

5.1 Approche numérique du Chapitre 2, dans le cas Scalaire

Nous souhaitons faire une étude numérique des résultats obtenus dans le Chapitre 2 dans le cas Scalaire avec $f = g = \frac{1}{2}|.|^2$, p = 2 et où les fibres sont de forte rigidité ($a = 4$) et dans le cas où $b = \gamma = p - 1 + \dfrac{a}{p} = 3$. L'énergie E_ε s'écrit alors pour tout $u \in W^{1,2}(\mathcal{O}_h(\varepsilon))$

$$\begin{aligned} E_\varepsilon := \int_{\mathcal{O}_{h(\varepsilon)}\setminus T_\varepsilon} \frac{1}{2}|\nabla u|^2 dx \quad &+ \quad \frac{1}{\varepsilon^4}\int_{\mathcal{O}_{h(\varepsilon)}\cap T_\varepsilon} \frac{1}{2}|\nabla u|^2 dx \\ &- \int_{\mathcal{O}_{h(\varepsilon)}} \mathcal{L}_\varepsilon . u dx - \int_{(\widehat{\mathcal{O}}\times h(\varepsilon))\cap T_\varepsilon} \ell_\varepsilon . u d\hat{x} \end{aligned}$$

L'équilibre du système mécanique associé à la structure complète homogénéisée est décrit par l'énergie totale déterministe suivante définie dans l'espace $L^2(\mathcal{O}) \times V_0$:

$$E(u,v) := H_0(u,v) - \int_{\mathcal{O}} L.u\, dx - \int_{\hat{\mathcal{O}}} l.v d\hat{x},$$

où

$$H_0(u,v) := \int_{\hat{\mathcal{O}}} f_0(u)\, d\hat{x} + \theta^{1-p}\int_{\mathcal{O}} (g^{\infty,p})^{\perp}(\frac{\partial v}{\partial x_3}) dx$$

Notons $(\bar{u}, \bar{v})$ la solution du problème [1]

$$(\mathcal{P}) \qquad \min\Big\{E(u,v)\ :\ (u,v) \in L(\hat{\mathcal{O}}, \mathbb{R}^3) \times V_0\Big\} = E(\bar{u}, \bar{v})$$

Un calcul standard de l'équation d'Euler du problème $(\mathcal{P}_E)$ dans l'espace $L^2(\hat{\mathcal{O}}) \times V_0$ conduit au système couplé suivant vérifié par $(\bar{u}, \bar{v})$

$$\begin{cases} \partial f_0(\bar{u}) = \bar{L} \quad p.p \text{ dans } \hat{\mathcal{O}}, \\ -\dfrac{\partial}{\partial x_3}(\partial g^{\perp})(\dfrac{\partial \bar{v}}{\partial x_3}) = 0 \quad p.p \text{ dans } \mathcal{O}, \\ \bar{v} = 0 \quad p.p \text{ dans } \widehat{\mathcal{O}} \times \{0\}, \\ \partial(g^{\perp})\dfrac{\partial \bar{v}}{\partial x_3}.e_3 = \theta^{p-1}\tilde{l} \quad p.p \text{ sur } \widehat{\mathcal{O}} \times \{e_3\}. \end{cases}$$

où $\tilde{l} = \begin{cases} l \text{ si } b = \gamma \\ 0 \text{ si } b < \gamma. \end{cases}$ et $\bar{L} := \int_0^1 L(.,t)dt.$

1. Dans notre cas, on remarquera qu'on a unicité de la solution du problème $(\mathcal{P}_\varepsilon)$.

Notons $\bar{u}_\varepsilon(\omega,.)$ la solution du problème $(\mathcal{P}_\varepsilon)$, puisque $g^\perp(.) = \frac{1}{2}|.|^2$ et que f_0^* est une forme quadratique (cf. Section 5.1.1) nous avons $(\bar{u}_\varepsilon, 1_{T_\varepsilon \cap \mathcal{O}}\varepsilon^{-3}\bar{u}_\varepsilon) \rightharpoonup (\bar{u}, \bar{v})$.

5.1.1 Calcul de la solution $\bar{u}$

Cette section peut être traitée dans un cadre vectoriel. Comme annoncé dans le Chapitre 2, nous proposons une méthode simple de calcul de $\bar{u}$.

Proposition 5.1.1. *On note $U_n(\omega,.)$ l'unique solution du problème de Dirichlet (aléatoire)*

$$\mathcal{P}_1 \begin{cases} -\Delta U = 1 \text{ sur } n\hat{Y} \setminus D(\omega), \\ \\ U \in W_0^{1,2}(n\hat{Y} \setminus D(\omega)), \end{cases} \tag{5.1}$$

On pose $\Lambda_n(\omega) := \fint_{n\hat{Y}} U_n(\omega,\hat{x})\, d\hat{x}$. Alors, pour **P***-presque tout $\omega \in \Omega$, $\Lambda_n(\omega)$ converge vers une constante déterministe $\Lambda > 0$ et le solution $\bar{u}$ est donné par*

$$\bar{u} = \Lambda \int_0^1 L(\hat{x}, t)\, dt. \tag{5.2}$$

Démonstration. Considérons le multiplicateur de Lagrange $\lambda^{s,n}(\omega) \in \mathbb{R}^3$ relatif au problème de minimisation

$$f_n(\omega, s) := \inf \left\{ \frac{1}{2} \fint_{n\hat{Y}} |\nabla w|^2 \, d\hat{x} : w \in W_0^{1,2}(n\hat{Y} \setminus D(\omega), \mathbb{R}^3),\ \fint_{n\hat{Y}} w \, d\hat{x} = s \right\},$$

et notons w^s un minimiseur aléatoire de ce problème. La fonction w^s est alors solution de la formulation faible du problème suivant

$$\begin{cases} -\Delta w^s = \lambda^{s,n}(\omega) \text{ sur } n\hat{Y} \setminus D(\omega), \\ \\ w^s \in W_0^{1,2}(n\hat{Y} \setminus D(\omega), \mathbb{R}^3), \\ \\ \displaystyle\fint_{n\hat{Y}} w^s \, d\hat{x} = s. \end{cases} \tag{5.3}$$

On note $\mathcal{B} = (e_1, e_2, e_3)$ la base canonique de $\mathbb{R}^3$. Appliquons (5.3) pour $s = e_i$, on en déduit $f_n(\omega, e_i) = \frac{1}{2}\lambda^{e_i,n}(\omega).e_i$. En appliquant (5.3) avec $s = e_i + e_j$, $s = e_i - e_j$, et en remarquant que $\lambda^{e_i \pm e_j,n}(\omega) = \lambda^{e_i,n}(\omega) \pm \lambda^{e_j,n}(\omega)$, nous obtenons

$$f_n(\omega, e_i + e_j) - f_n(\omega, e_i - e_j) = \lambda^{e_i,n}(\omega).e_j + \lambda^{e_j,n}(\omega).e_i.$$

On obtient le même résultat, si l'on remplace e_i et e_j par des vecteurs u et v quelconques. Cela montre que $f_n(\omega,.)$ est une forme quadratique (notons que $f_n(\omega,.)$

est une fonction homogène de dégré 2), et que $f_n(\omega, s) = A^n(\omega)s \,.\, s$ où $A^n(\omega)$ est une matrice symétrique 3×3 donnée par

$$A^n_{ij}(\omega) = \frac{1}{4}\big[\lambda^{e_i,n}(\omega).e_j + \lambda^{e_j,n}(\omega).e_i\big].$$

Appliquons maintenant le problème (5.3) avec $s = e_i$ et avec la fonction test w^{e_j} (idem avec $s = e_j$ et w^{e_i}), nous déduisons que $\lambda^{e_i,n}(\omega).e_j = \lambda^{e_j,n}(\omega).e_i$, de sorte que $A^n_{ij}(\omega) = \frac{1}{2}\lambda^{e_i,n}(\omega).e_j$. Mais pour $i \neq j$, le problème (5.3) donne ,

$$\begin{cases} -\Delta w^{e_i}.e_j = \lambda^{e_i,n}(\omega).e_j \text{ sur } n\hat{Y} \setminus D(\omega), \\ w^{e_i}.e_j \in W^{1,2}_0(n\hat{Y} \setminus D(\omega)), \\ \displaystyle\fint_{n\hat{Y}} w^{e_i}.e_j \, d\hat{x} = 0, \end{cases}$$

et on en déduit en prenant $w^{e_i}.e_j$ comme fonction test que $w^{e_i}.e_j = 0$, ainsi $A^n_{ij}(\omega) = 0$ pour $i \neq j$. Calculons maintenant $A^n_{ii}(\omega) = \frac{1}{2}\lambda^{e_i,n}(\omega).e_i$. Puisque $\lambda^{e_i,n}(\omega).e_i = 2f_n(\omega, e_i)$, on a $\lambda^{e_i,n}(\omega).e_i \geq 2\alpha > 0$ et par (5.3), nous déduisons que $\dfrac{w^{e_i}.e_i}{\lambda^{e_i,n}(\omega).e_i}$ est solution du problème de Dirichlet scalaire

$$\begin{cases} -\Delta U = 1 \text{ sur } n\hat{Y} \setminus D(\omega), \\ U \in W^{1,2}_0(n\hat{Y} \setminus D(\omega)). \end{cases} \tag{5.4}$$

Notons $U_n(\omega)$ cette unique solution, alors l'égalité

$$\fint_{n\bar{Y}} \frac{w^{e_i}.e_i}{\lambda^{e_i,n}(\omega).e_i} \, d\hat{x} = \fint_{n\bar{Y}} U_n \, d\hat{x}$$

entraîne

$$A^n_{ii}(\omega) = \frac{\displaystyle\fint_{n\bar{Y}} w^{e_i}.e_i \, d\hat{x}}{2\displaystyle\fint_{n\bar{Y}} U_n \, d\hat{x}}.$$

Or d'après (5.3)

$$\fint_{n\bar{Y}} w^{e_i}.e_i \, d\hat{x} = 1,$$

de sorte que

$$A^n_{ii}(\omega) = \frac{1}{2\displaystyle\fint_{n\bar{Y}} U_n \, d\hat{x}}.$$

En utilisant de nouveau le théorème ergodique sous-additif on peut prouver que $\Lambda_n(\omega) := \fint_{n\hat{Y}} U_n(\omega)\, d\hat{x}$ converge presque sûrement vers une constante déterministe $\Lambda > 0$: en effet de (5.4) on déduit que U_n vérifie

$$\int_{n\hat{Y}} |\nabla U_n|^2\, d\hat{x} = \int_{n\hat{Y}} U_n\, d\hat{x}$$

et donc puisque

$$\frac{1}{2}\int_{n\hat{Y}} |\nabla U_n|^2\, d\hat{x} - \int_{n\hat{Y}} U_n\, d\hat{x} = \inf\left\{\int_{n\hat{Y}} |\nabla U|^2\, d\hat{x} - \int_{n\hat{Y}} U\, d\hat{x} : U \in W_0^{1,2}(n\hat{Y} \setminus D(\omega))\right\},$$

$$\Lambda_n(\omega) = -2\frac{\mathcal{S}_{n\hat{Y}}}{n^2}$$

où , pour tout pavé $\hat{A}$ engendré par $(0,1)^2$,

$$\mathcal{S}_{\hat{A}} := \inf\left\{\frac{1}{2}\int_{\hat{A}} |\nabla U|^2\, d\hat{x} - \int_{\hat{A}} U\, d\hat{x} : U \in W_0^{1,2}(\hat{A} \setminus D(\omega))\right\}.$$

Il suffit donc de remarquer que $\hat{A} \mapsto \mathcal{S}_{\hat{A}}$ est un processus sous-additif et d'appliquer le Théorème 1.2.4 pour en déduire la convergence presque sûre de $\Lambda_n(\omega)$. Pour plus de précisions et des compléments, nous vous renvoyons à [11].

Par conséquent, pour $\mathbf{P}$- presque tout $\omega \in \Omega$ et pour tout $s \in \mathbb{R}^3$,

$$\lim_{n\to+\infty} f_n(\omega, s) = f_0(s) = \frac{1}{2\Lambda} s.s$$

d'où $\partial f_0(s) = \frac{1}{\Lambda} s$. On conclut en remarquant que $\partial f_0^*(s^*) = \Lambda s^*$. □

5.1.2 Approximation numérique de Λ

On cherche à calculer dans un cadre scalaire une approximation de Λ afin de déterminer la valeur de $\bar{u}$ à l'aide de (5.2). On utilise le logiciel cast3M [8] pour la résolution du problème de Dirichlet (5.1). Avant cela, il nous faut construire un maillage aléatoire respectant les hypothèses probabilistes de notre problème (voir section 2.1.1).

5.1.2.1 Maillage aléatoire.

Pour résoudre le problème aléatoire (5.1), on considère le domaine $n\hat{Y} \setminus D(\omega)$, constitué de n^2 section de fibres. Ces sections sont distribuées selon la loi uniforme, et la fraction volumique des fibres est de $\frac{\pi}{16}$ (le rayon d'une section de fibres est de $\frac{1}{4}$). Pour créer notre maillage contenant n^2 fibres, on génère aléatoirement suivant une loi uniforme une liste de $N(>> n^2)$ points de $n\hat{Y}$. Puis on extrait les n^2 premières coordonnées vérifiant

$$\forall(i,j) \in [0..n] \times [0..n], \ |\omega_i - \omega_j| > 2.rayon + d,$$
$$\forall z \in (n-1)\hat{Y}, \ \exists i \in [0..n] \text{ tel que } |D(\omega_i) \cap (\hat{Y} + z)| \neq 0,$$

où d est choisi assez petit selon la densité de maillage et $D(\omega_i)$ est la section de fibre de centre ω_i. La première condition évite l'interception de deux fibres. La deuxième nous permet d'avoir une répartition de fibres "riche" dans $\mathbb{R}^2$. On obtient alors le maillage de la Figure 5.1.

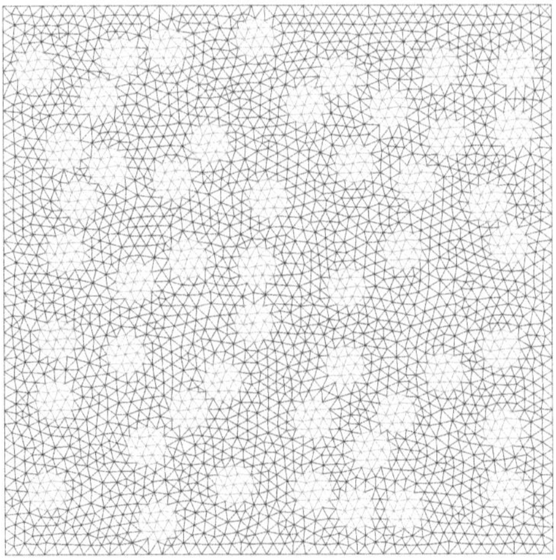

FIGURE 5.1 – *Maillage aléatoire (n=7, soit 49 fibres).*

Avant de commencer nos calculs, nous devons nous assurer que les propriétés aléatoires de notre construction respectent l'ensemble des hypothèses décrites dans la Section 2.1.1

Pour cela, on utilise une méthode de traitement d'image afin d'obtenir un covariogramme spatial qui nous permet de vérifier l'ergodicité ainsi que l'isotropie de notre répartition de fibres. Le covariogramme est un outil mathématique nous permettant d'obtenir de nombreuses informations sur la répartition spatiale de particules aléatoirement distribuées dans un milieu homogène. Pour cela nous renvoyons aux travaux de D. Jeulin [20] et J. Serra [30].

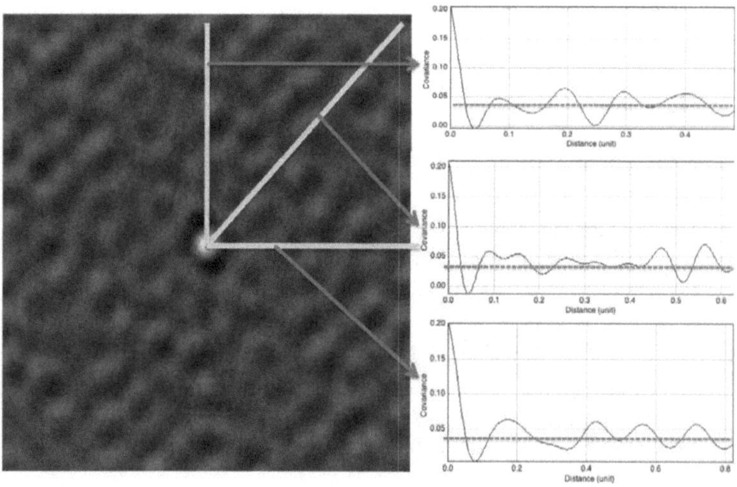

FIGURE 5.2 – *Covariogramme du maillage (Fig.5.1) et ses courbes de Covariance.*

La Figure 5.2 représente le covariogramme de notre maillage suivant trois directions. Cette méthode d'analyse d'image par le logiciel "imageJ" nous a été transmise par Y. Monerie. On appelle covariogramme les courbes représentant les fonctions $z \mapsto C(D(\omega), z)$ où pour tout x fixé,

$$C(D(\omega), z) := \mathbf{P}\{\omega : \ x \in D(\omega) \text{ et } x + z \in D(\omega)\}.$$

Cette fonction nous donne la probabilité pour laquelle deux points distants de z appartiennent à l'ensemble aléatoire $D(\omega)$. Toujours d'après les travaux de D. Jeulin [21], voici quelques propriétés qui nous seront utiles :

- $C(D(\omega), 0)$ = la fraction volumique de $D(\omega)$,
- $C(\infty) := \lim_{|z| \to +\infty} C(D(\omega), z) = (fraction\ volumique)^2$
- lorsque le covariogramme admet un palier, l'ensemble aléatoire est ergodique.

On peut alors constater que quelque soit la direction choisie, le covariogramme associé (Figure 5.2) admet une asymptote (en pointillés bleus) ce qui caractérise l'ergodicité de notre ensemble aléatoire $D(\omega)$, et que $C(D(\omega), 0) \approx \theta(= 0,196..)$. De plus, quel que soit la direction, l'asymptote est la même, et de valeur $C(\infty) = (fraction\ volumique)^2$. On retrouve alors notre hypothèse (A_3).
En effet , soit $x, y \in n\hat{Y}$, et considérons les évènements $E := \{\omega : \ x \in D(\omega)\}$ et $F := \{\omega : \ y \in D(\omega)\}$ de $\mathcal{A}$. Il est clair que $\mathbf{P}(E) = \mathbf{P}(F) = fraction\ volumique$, et

qu'il existe un $z' \in \mathbf{Z}^2$ tel que $y = x + z'$. D' où

$$\begin{aligned}\lim_{|z|\to+\infty} \mathbf{P}(\tau_z E \cap F) &= \lim_{|z|\to+\infty} \mathbf{P}(\tau_{z+z'} F \cap F)\\ &= C(\infty)\\ &= (fraction\ volumique)^2\\ &= \mathbf{P}(E)\mathbf{P}(F).\end{aligned}$$

De plus, du fait d'avoir des covariogrammes relativement identiques quel que soit la direction choisie, nous pouvons supposer que notre structure est isotrope dans $\mathbb{R}^2$.

5.1.2.2 Calcul numérique de Λ

Nous cherchons à obtenir ici une estimation numérique de Λ comme étant la limite presque sûre de la suite $\Lambda_n(\omega) := \fint_{n\hat{Y}} U_n(\omega, \hat{x})\, d\hat{x}$ où U_n est solution du problème 5.1. Tout ce qui suit est fait dans le cas scalaire.

On se place dans le cas où à chaque itération n notre structure compte n^2 fibres. Afin de valider notre modèle variationnel, nous allons effectuer tous nos calculs dans trois cas. Le premier cas est celui d'une répartition périodique des fibres : on divise $n\hat{Y}$ en n^2 cellule et on place les fibres au centre de chaque cellules. Le deuxième cas est celui de l'échiquier aléatoire : on divise également $n\hat{Y}$ en n^2 cellules mais on place les fibres aléatoirement dans chaque cellule selon une loi de probabilité uniforme. Et le dernier cas est celui d'une répartition aléatoire ergodique plus générale des fibres dans $n\hat{Y}$ comme dans le paragraphe 5.1.2.1. Pour ce calcul on utilise le logiciel libre CAST3M^{TM} [8]. La Figure 5.3 illustre nos résultats pour les trois cas étudiés.

On constate que pour chaque cas , on obtient une convergence de la suite $\Lambda_n(\omega)$ vers une constante Λ. De plus pour les cas aléatoires, on a unicité de cette limite quel que soit le tirage effectué, ceci est dû à l'ergodicité de la répartition des fibres.

La Figure 5.4 ci-dessus nous permet de valider l'unicité de notre limite Λ quelque soit le tirage effectué, ce qui illustre également l'ergodicité de notre maillage.

5.1.3 Estimation de l'erreur entre les solutions de $\mathcal{P}_{\varepsilon,h(\varepsilon)}(\omega)$ et de $\mathcal{P}$ dans le cas scalaire

Afin de valider nos résultats, nous calculons l'évolution de l'erreur entre $\bar{u}_\varepsilon$ restreint à $\hat{\mathcal{O}}$ et $\bar{u}$ où $\bar{u}_\varepsilon$ et $\bar{u}$ sont les solutions respectives de $(\mathcal{P}_{\varepsilon,h(\varepsilon)}(\omega))$ et $(\mathcal{P})$

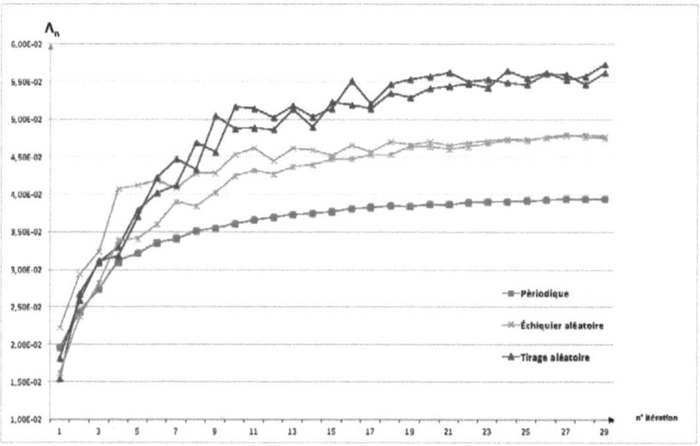

FIGURE 5.3 – *Évolution de $n \mapsto \Lambda_n$ dans le cas d'une répartition périodique, d'un échiquier aléatoire et d'un tirage aléatoire (avec 2 tirages différents).*

lorsque ε décroit vers 0.

Rappelons que nous effectuons nos calculs pour $f = g = \frac{1}{2}|.|^2$, p=2 et $a = 4$, et $b = \gamma = p - 1 + \frac{a}{p}$. Le domaine des configurations de référence est ici $\hat{\mathcal{O}} \times (0, \varepsilon^2)$ où $\hat{\mathcal{O}} := [0,2]^2$. Dans le cas périodique et celui de l'échiquier aléatoire, la fraction volumique asymptotique de fibres sur $\hat{\mathcal{O}}$ est $\theta := \int_\Omega |\hat{Y} \cap D(\omega)| d\mathbb{P}(\omega) = \pi.rayon^2 = 0,196....$ En revanche, pour le cas aléatoire plus général, nous avons besoin de calculer numériquement θ qui nous est indispensable pour comparer nos résultats dans les trois cas étudiés. Pour cela, nous avons calculé θ en faisant la moyenne des aires $|\hat{Y} \cap D(\omega)|$ pour un très grand nombre de tirages (10 000 tirages) et pour $\hat{Y}$ fixée (voir Figure 5.5).

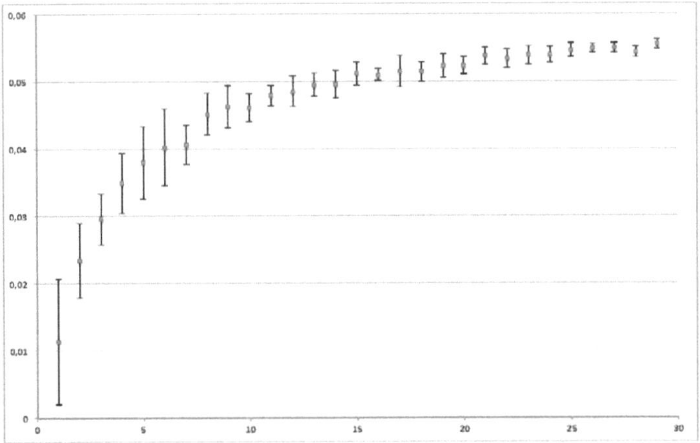

FIGURE 5.4 – *Évolution de la moyenne et de l'écart type de la fonction $n \mapsto \Lambda_n$ dans le cas d'un tirage aléatoire pour 20 tirages.*

La Figure 5.6 représente la variation de θ dans le cas aléatoire en fonction du nombre de fibres (cf la courbe rouge), ainsi que la valeur de la fraction volumique du cas périodique (cf courbe verte). On constate alors à partir de 36 fibres, que la fraction volumique de fibres de notre structure est très proche de celle du cas périodique et de l'échiquier aléatoire (la différence est inférieure à 2%). Par conséquent nous pouvons comparer nos résultats limites pour ces trois cas.

On considère le problème élastique $\mathcal{P}_{\varepsilon,h(\varepsilon)}(\omega)$ de solution $\bar{u}_\varepsilon$, où la structure est soumise à un chargement volumique dans la matrice et à une traction au niveau de la section supérieure des fibres. Les problèmes $\mathcal{P}_{\varepsilon,h(\varepsilon)}(\omega)$ et $\mathcal{P}$ sont alors caractérisés par les systèmes d'équations suivants pour $\bar{u}_\varepsilon$ dans $W^{1,2}(\mathcal{O}_{h(\varepsilon)})$, $(\bar{u},\bar{v})$ dans $L^2(\mathcal{O}) \times V_0$ et pour ε fixé,

PROBLÈME INITIAL

$$\begin{cases} -\Delta \bar{u}_\varepsilon = \mathcal{L}_\varepsilon \ \text{ dans } \mathcal{O}\backslash T_\varepsilon(\omega), \\ -\frac{1}{\varepsilon^4}\Delta \bar{u}_\varepsilon = \mathcal{L}_\varepsilon \ \text{ dans } \mathcal{O} \cap T_\varepsilon(\omega), \\ \bar{u}_\varepsilon \in W^{1,2}(\mathcal{O}_{h(\varepsilon)}), \\ \bar{u}_\varepsilon = 0 \ \text{ sur } \hat{\mathcal{O}} \cap D_\varepsilon(\omega) \\ \dfrac{1}{\varepsilon^4}\dfrac{\partial \bar{u}_\varepsilon}{\partial x_3} = l_\varepsilon \ \text{ sur } \hat{\mathcal{O}} \cap D_\varepsilon(\omega) + h(\varepsilon)e_3 \end{cases}$$

PROBLÈME LIMITE

$$\begin{cases} \bar{u} = \Lambda L \quad p.p \text{ dans } \mathcal{O}, \\ -\dfrac{\partial^2 \bar{v}}{\partial x_3^2} = 0 \quad p.p \text{ dans } \mathcal{O}, \\ \bar{v} = 0 \quad p.p \text{ dans } \widehat{\mathcal{O}} \times \{0\}, \\ \dfrac{\partial \bar{v}}{\partial x_3}.e_3 = \theta \bar{l} \quad p.p \text{ sur } \widehat{\mathcal{O}} \times \{e_3\}. \end{cases}$$

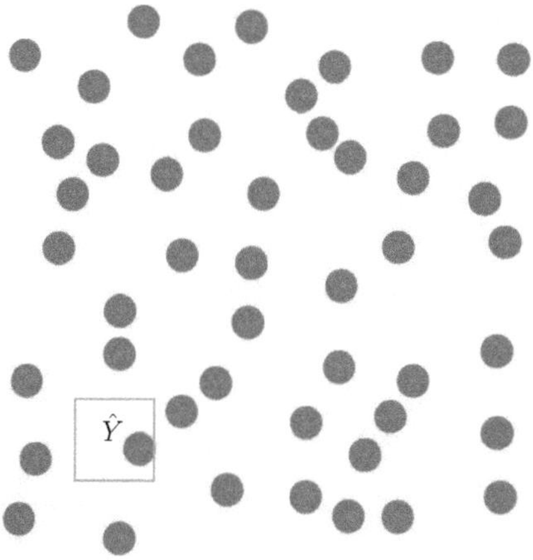

FIGURE 5.5 – *Zone de mesure de la fraction volumique pour $n = 5$ (soit 25 fibres).*

D'un point de vue mécanique, il est possible de supposer que $\mathcal{L}_\varepsilon$ et ℓ_ε ne dépendent pas de $\hat{x}$, plus précisément, $\mathcal{L}_\varepsilon = \varepsilon^{-2}$, et $\ell_\varepsilon = \varepsilon^{-3}$.

Pour toute fonction w de $L^2(\mathcal{O})$ on note $\tilde{w}$ son approximation numérique dans $\mathbb{R}^N$, où N est le nombre de noeuds générés par le logiciel Cast3M^{TM} [8]. On utilise la norme euclidienne $\|.\|_2$ dans $\mathbb{R}^N$ pour l'estimation de nos erreurs.
Nous calculons maintenant les erreurs relatives

$$\frac{\|\tilde{\bar{u}}_\varepsilon(\hat{x},0) - \tilde{\bar{u}}(\hat{x})\|_2}{\|\tilde{\bar{u}}(\hat{x})\|_2}, \quad \frac{\|\tilde{\bar{v}}_\varepsilon(x) - \tilde{\bar{v}}(x)\|_2}{\|\tilde{\bar{v}}(x)\|_2}$$

où $\bar{v}_\varepsilon := 1_{T_\varepsilon(\omega)}\varepsilon^{-3}\bar{u}_\varepsilon$.

Pour notre calcul, à chaque itération $i = 2, 3, ...,$ on considère $\varepsilon = \frac{1}{i}$ et $nombre\ de\ fibres = i^2$, par conséquent, la fraction volumique relative aux fibres est constante à chaque itération malgré que leur nombre augmente.

On illustre ces convergences d'erreur par les Figures 5.7 et 5.8 respectivement. Rappelons que $h(\varepsilon) = \varepsilon^2 = \frac{1}{n^2}$ et que les calculs sont faits pour un unique tirage.

On constate que l'estimation de l'erreur dans la matrice ne converge pas à la même vitesse et vers la même limite selon le cas étudié. En effet, pour le cas périodique on obtient une convergence rapide et régulière ($< 5\%$ à partir de 16×16 fibres). Dans le cas de l'échiquier aléatoire, la convergence est plus rapide mais l'erreur est moins bonne tout en restant raisonnable ($\approx 6\%$ à partir de 14×14 fibres) et pour le cas aléatoire ergodique plus général, l'erreur est approximativement de 8%. Ces résultats nous paraissent cohérents d'un point de vue physique

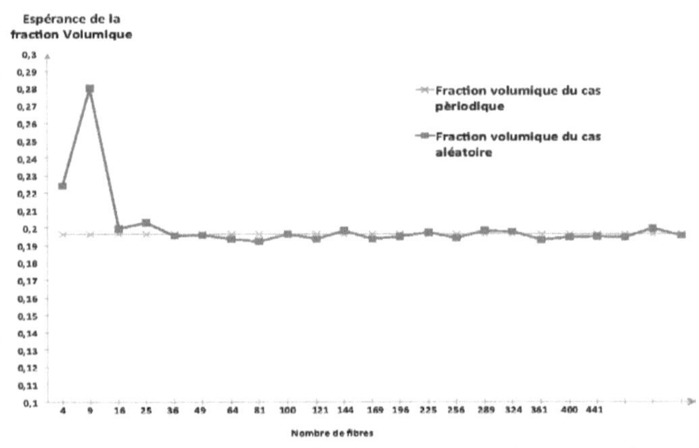

FIGURE 5.6 – *Évolution de la fraction volumique asymptotique en fonction du nombre de fibres.*

car pour le cas de l'échiquier aléatoire et à plus forte raison dans le cas périodique, le VER est bien défini alors que pour le cas aléatoire plus général, il est défini par un processus limite avec condition d'ergodicité. Ces résultats sont acceptables alors que notre modèle nous fournit seulement des convergences faibles.

Un autre enseignement de nos résultats est la non régularité de la courbe d'erreur du cas aléatoire ce qui montre également la forte influence de la répartition spatiale des fibres dans la matrice.

La Figure 5.8 représente l'estimation de l'erreur entre $\bar{v}_\varepsilon := 1_{T_\varepsilon(\omega)}\varepsilon^{-\gamma}\bar{u}_\varepsilon$ et $\bar{v}$. Rappelons que $\bar{v}_\varepsilon$ nous donne la vitesse de convergence du déplacement dans les fibres $1_{T_\varepsilon(\omega)}\bar{u}_\varepsilon$ vers 0 (cf. Lemme 2.1.1). Ces convergences sont quasiment identiques dans les différents cas étudiés. On suppose que cela est dû à la grande différence de rigidité entre la matrice et les fibres. En effet, puisque les fibres sont très rigides, la matrice influe très peu sur les fibres et donc la disposition des fibres n'a que très peu d'influence sur leur comportement contrairement au comportement de la matrice.

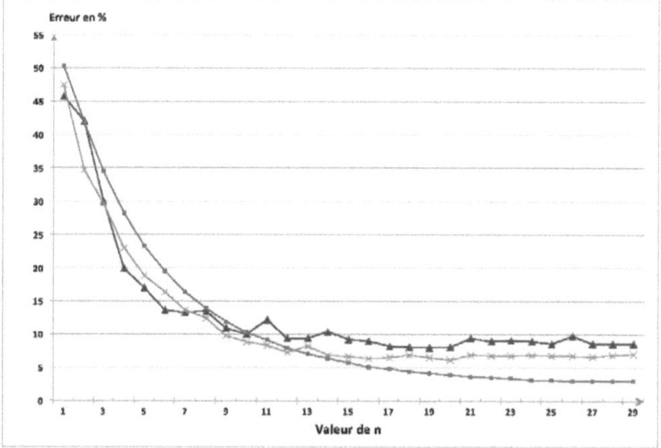

FIGURE 5.7 – *Évolution de l'erreur dans la matrice dans le cas d'une répartition périodique, d'un échiquier aléatoire et d'un tirage aléatoire ergodique plus général.*

5.2 COMPARAISONS DU PROBLÈME $\min\limits_{u \in W^{1,p}_{\Gamma_0}(\mathcal{O},\mathbb{R}^3)} E_\varepsilon(u)$ AVEC LE MODÈLE RECONSTRUIT (CHAPITRE 3).

Dans cette section, nous voulons valider notre résultat limite obtenu dans le Chapitres 3 en comparant notre modèle limite avec le problème $\min\limits_{u \in W^{1,p}_{\Gamma_0}(\mathcal{O},\mathbb{R}^3)} E_\varepsilon(u)$ où

$$E_\varepsilon(\omega, u) := \int_{\mathcal{O}\setminus T_{\varepsilon,n}(\omega)} f(\nabla u)dx + \frac{1}{\varepsilon^a}\int_{\mathcal{O}\cap T_{\varepsilon,n}(\omega)} g(\nabla u)dx - \int_{\mathcal{O}} \mathcal{L}_\varepsilon.udx,$$

avec $T_{\varepsilon,n}(\omega) := \bigcup_{k=0}^{n}\left(D_{\varepsilon,k}(\omega) \times (\frac{k}{n}, \frac{k+1}{n})\right)$ où $D_{\varepsilon,k}(\omega)$ est la réunion des section de fibres de la $k^{\text{ième}}$ plaque (cf Fig 5.9).

Tout en gardant les notations des Chapitre 2 et 3, nous effectuons nos calculs dans le cas scalaire avec $f = g = \frac{1}{2}|.|$, $a = 1$ et $p = 2$. Nous allons donc dans un premier temps, pour ε fixé, résoudre le problème $\min\limits_{u \in W^{1,2}(\mathcal{O})} E_\varepsilon(u)$ où pour tout $u \in W^{1,2}(\mathcal{O})$

$$E_\varepsilon(\omega, u) := \int_{\mathcal{O}\setminus T_{\varepsilon,n}(\omega)} \frac{1}{2}|\nabla u|^2 dx + \frac{1}{\varepsilon}\int_{\mathcal{O}\cap T_{\varepsilon,n}(\omega)} \frac{1}{2}|\nabla u|^2 dx - \int_{\mathcal{O}} \mathcal{L}_\varepsilon.udx.$$

Nous rappelons que le matériau étudié est soumis à un chargement volumique $\mathcal{L}_\varepsilon \approx \frac{1}{\varepsilon^2}L(\hat{x}, \frac{x_3}{\varepsilon^2})$ vérifant $\sup_{n\in\mathbb{N}} \|\mathcal{L}_\varepsilon\|_{L^q(\mathcal{O})} < +\infty$.

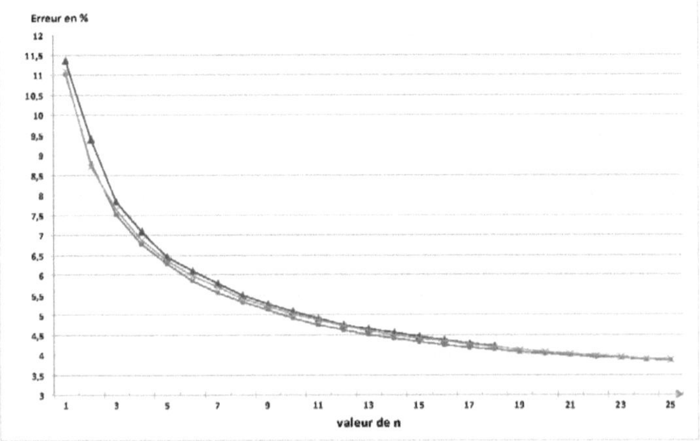

FIGURE 5.8 – *Évolutions de l'erreur dans les fibres pour le cas d'une répartition périodique, d'un échiquier aléatoire et d'un tirage aléatoire ergodique plus général.*

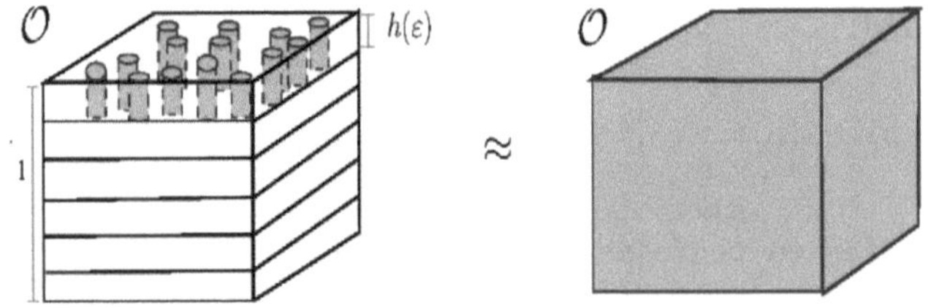

FIGURE 5.9 – *Comparaison du problème* $\min_{u \in W^{1,p}_{\Gamma_0}(\mathcal{O},\mathbb{R}^3)} E_\varepsilon(u)$ *avec notre modèle limite.*

5.2.1 Cas d'une distribution de fibre identique sur chaque plaque.

Nous traitons le cas où la distribution des fibres est la même sur chaque plaque, c'est-à-dire que les fibres traversent toute la structure verticalement (cf. Figure 5.10).

Par un calcul standard, nous obtenons que notre problème de minimisation est caractérisé par le système d'équation suivant : où $\bar{u}_\varepsilon$ est solution du problème $\min_{u \in W^{1,2}_{\Gamma_0}(\mathcal{O})} E_\varepsilon(u)$,

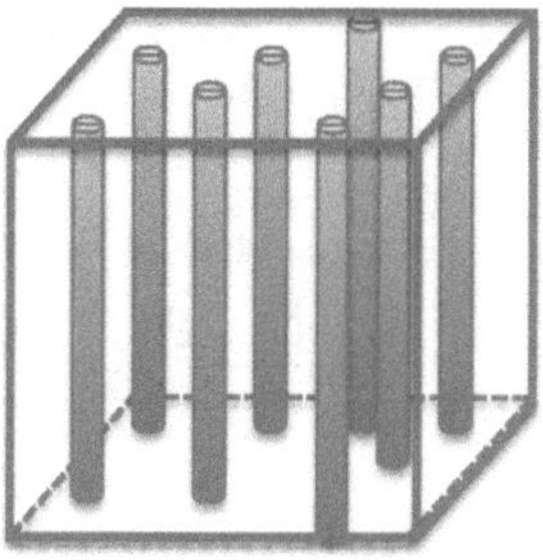

FIGURE 5.10 – *Domaine $\mathcal{O}$ dans le cas d'un renforcement aléatoire particulier.*

$$\begin{cases} -\Delta \bar{u}_\varepsilon = \mathcal{L}_\varepsilon \text{ dans } \mathcal{O} \backslash T_\varepsilon(\omega), \\ -\frac{1}{\varepsilon}\Delta \bar{u}_\varepsilon = \mathcal{L}_\varepsilon \text{ dans } \mathcal{O} \cap T_\varepsilon(\omega), \\ \frac{\partial \bar{u}_\varepsilon}{\partial x_3} = 0 \text{ sur } (\hat{\mathcal{O}} \cap D_\varepsilon(\omega)) \times \{1\}, \\ -\frac{\partial \bar{u}_\varepsilon}{\partial \eta} = 0 \text{ sur } \partial_l \mathcal{O}, \\ \bar{u}_\varepsilon \in W^{1,2}(\mathcal{O}), \\ \bar{u}_\varepsilon = 0 \text{ sur } \Gamma_0, \end{cases}$$

avec η vecteur normal sortant du bord latéral $\partial_l \mathcal{O}$ de la structure et $\Gamma_0 := \hat{\mathcal{O}} \times \{0\}$.

Nous voulons estimer par la suite l'erreur entre la fonction u_ε solution du problème $\min_{u \in W^{1,2}_{\Gamma_0}(\mathcal{O})} E_\varepsilon(u)$ et la fonction $\bar{u} \in L^2(\mathcal{O})$ minimisant dans $L^2(\mathcal{O})$ l'énergie limite obtenue dans le Chapitre 3

$$E_0(u) := \int_{\mathcal{O}} f_0(x_3, u(x))dx - \int_{\mathcal{O}} L(x).u(x)dx,$$

lorsque $\varepsilon \to 0$.

Notons qu' avec nos hypothèses, la solution de ce problème est alors $\bar{u}(x) = \Lambda.\bar{L}(x)$ (voir la Section 5.1 et le Chapitre 3).

Nous effectuons nos calculs dans les cas d'une répartition périodique, d' un échiquier aléatoire et dans le cas d' une répartition aléatoire ergodique des fibres plus générale. Nous rappelons que dans nos calculs, nous considérons $\varepsilon = \sqrt{nombre\ de\ fibres}$. On utilise une nouvelle fois la norme euclidienne $\|.\|_2$ dans $\mathbb{R}^N$ pour l'estimation de nos erreurs.
Nous calculons maintenant les erreurs relatives

$$\frac{\|\bar{u}_\varepsilon(x) - \bar{u}(x)\|_2}{\|\bar{u}_\varepsilon(x)\|_2}.$$

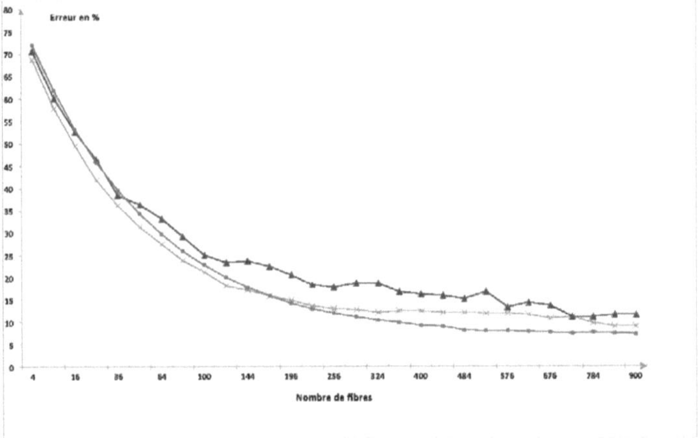

FIGURE 5.11 – *Évolution de l'erreur dans la matrice (en fonction du nombre de fibres et donc de ε) pour le cas d'une répartition périodique, d'un échiquier aléatoire et d'un tirage aléatoire ergodique plus général.*

La convergence des estimations d'erreurs illustré dans la Figure 5.11, est relativement lente. En effet, à partir de ≈ 300 fibres, nous obtenons une erreur de $< 8\%$ pour le cas périodique, $\approx 9\%$ à partir de ≈ 841 fibres pour le cas de l'échiquier aléatoire et nous obtenons une erreur de $\approx 11\%$ pour le cas aléatoire ergodique . On constate grâce à la courbe correspondante à la répartition aléatoire, que malgré une rigidité plus faible que celle considérée dans la section 5.1 (ici $a < p$), la distribution des fibres influe encore sur le comportement de la matrice.

5.2.2 Cas d'une distribution de fibre différente sur chaque plaque.

Nous nous intéressons maintenant à la résolution du même problème de minimisation $\min_{u \in L^p(\mathcal{O},\mathbb{R})} E_\varepsilon(u)$ mais avec une distribution de fibres variant suivant x_3. Bien que la distribution de fibres varie par le tirage, nous considérons la fonction

$x_3 \mapsto \mathbf{P}_{x_3}$ constante. En reprenant les notations du Chapitre 3, puisque le tirage est différent sur la base inférieure de chaque plaque $\hat{\mathcal{O}} \times [\frac{k}{n}, \frac{k+1}{n}[$, les fibres peuvent être inclinées sur chaque plaque (cf Figure 5.12). Et pour des raisons de difficulté de maillage, nous traiterons uniquement le cas où la distribution est celle d'un échiquier aléatoire.

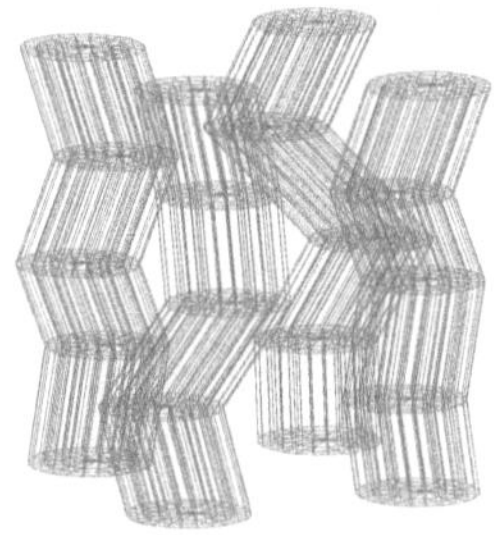

FIGURE 5.12 – *Représentation des fibres*

Conformément à notre stratégie de modélisation (cf Figure3.1), pour notre algorithme nous faisons le choix qu'à chaque itération $i = 2, 3, \ldots$, le nombre de plaque soit égal au nombre de fibres ($= i^2 = \frac{1}{\varepsilon^2}$) cf Figure 5.13.

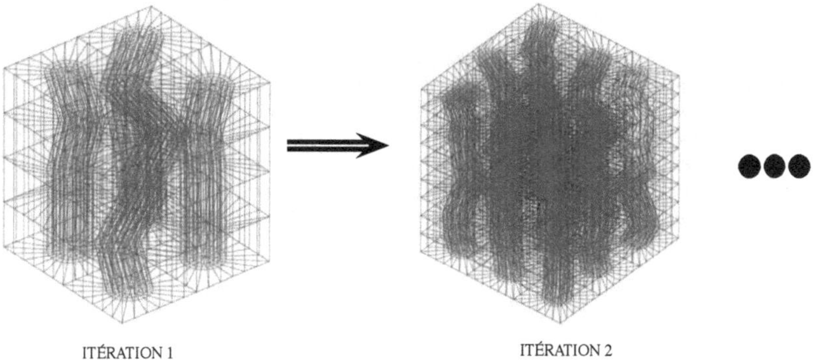

FIGURE 5.13 – *Maillage généré lors des 2 premières itérations.*

Comme précédemment, nous estimons l'erreur entre la fonction u_ε solution du problème $\min\limits_{u \in W^{1,2}_{\Gamma_0}(\mathcal{O})} E_\varepsilon(u)$ et la fonction $\bar{u} \in L^p(\mathcal{O}, \mathbb{R})$ minimisant l'énergie limite obtenue dans le Chapitre 3

$$E_0(u) := \int_{\mathcal{O}} f_0(x_3, u(x))dx - \int_{\mathcal{O}} L(x).u(x)dx,$$

lorsque $\varepsilon \to 0$.

Avec nos hypothèses, la solution de ce problème est alors $\bar{u}(x) = \Lambda(x).\bar{L}(x)$ où, puisque $\mathbf{P}_{x_3}$ est constant $\Lambda(x) = \Lambda$ est constant également (voir la Section 5.1).

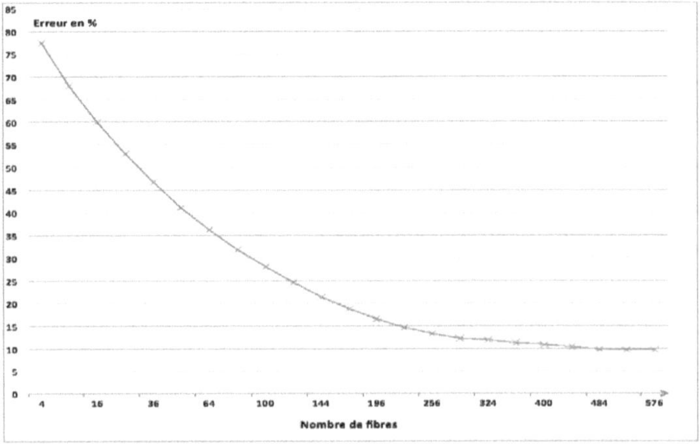

FIGURE 5.14 – *Évolution de l'erreur dans la matrice (en fonction du nombre de fibres et de plaques (et donc de ε)) pour le cas d'un échiquier aléatoire ergodique plus général.*

L'évolution de l'erreur dans la matrice en fonction du nombre de fibres et de plaques est illustrée dans la Figure 5.14. L'erreur limite est inférieur à 10%, ce qui nous semble convenable d'autant plus que pour notre modélisation nous considérons les fibres verticales alors qu'elle peuvent être inclinées dans cette étude numérique.

CONCLUSION

CONCLUSION GÉNÉRALE

La modélisation des matériaux aléatoirement renforcés de type TexSol^{TM} conduit à un large domaine d'étude et à de multiples difficultés tant du point de vue mathématique que mécanique. Dans cette thèse, tout en restant le plus fidèle possible au comportement physique du matériau, pour traiter mathématiquement l'aléatoire, on a considérablement simplifié la géométrie complexe représentant l'inclusion du fil .

Nous avons développé une stratégie de modélisation conduisant à un modèle déterministe et homogène du TexSol^{TM}. Cette stratégie se décompose en deux étapes. Dans un premier temps, nous proposons un modèle déterministe 2-dimensionnel issu d'un problème plaque d'un matériau aléatoirement renforcé. Ce modèle limite nous permet essentiellement de connaitre le comportement d'une fine couche du matériau. Nous utilisons dans un second temps, un procédé d'intégration variationnelle consistant, par sommation des modèles 2-dimensionnels ainsi obtenus, à construire un modèle 3-dimensionnel équivalent. Nous passons plus pécisément d'un modèle à énergie discrète dans une direction, à un modèle à énergie continue par convergence variationnelle suivant le pas de discrétisation.

Par une étude numérique, nous avons montré que ces deux modèles génèrent des erreurs acceptables lorsque l'on compare les problèmes limites aux problèmes initiaux bien que les champs de déplacement limites soient obtenus par des convergences faibles. Cette étude a également fait ressortir la forte influence des fibres sur la matrice (par leur disposition).

Afin de palier le défaut de non-localité de notre modèle dû à nos hypothèses (lors du passage 3D→2D du Chapitre 2), nous proposons de modéliser le matériau pour une épaisseur cette fois-ci fixe mais sous des hypothèses moins restrictives sur l'énergie élastique. Mais l'hypothèse d'une direction fixe des fibres devient alors moins acceptable. Dans le Chapitre 4, nous donnons ainsi un encadrement du modèle homogène déterministe d'un matériau aléatoirement renforcé par deux énergies déterministes non-locales

$$F_0^- \underset{e}{+} G_0 \leq \Gamma - \liminf H_\varepsilon(\omega, .) \leq \Gamma \limsup H_\varepsilon(\omega, u) \leq F_0^+ \underset{e}{+} G_0.$$

Puisque dans le cas périodique ces inégalités deviennent des égalités, on peut raisonnablement supposer qu'au moins l'une des deux énergies $F_0^- \underset{e}{+} G_0$ et $F_0^+ \underset{e}{+} G_0$ est très proche de l'énergie limite escomptée.

CRITIQUES DU MODÈLE

L'étude proposée dans cette thèse n'est qu'une première approche de la modélisation du matériau TexSol^{TM} par un procédé d'homogénéisation. La principale critique est que nos hypothèses conduisent à un modèle donnant peu d'informations sur le comportement des fibres. Ceci se traduit dans le Chapitre 2 par le fait que les champs de déplacement $\mathbb{1}_{\mathcal{O}\cap T_\varepsilon}\overline{\overline{u_\varepsilon}}(\omega,.)$ et $\mathbb{1}_{\mathcal{O}\cap T_\varepsilon}\frac{\partial \overline{\overline{u_\varepsilon}}(\omega,.)}{\partial x_3}$ convergent fortement vers 0 dans $L^p(\mathcal{O},\mathbb{R}^3)$, nous perdons donc, à la limite, des informations sur le déplacement des fibres. Cependant, puisque $\varepsilon^{-\gamma}\mathbb{1}_{\mathcal{O}\cap T_\varepsilon}\overline{\overline{u_\varepsilon}}(\omega,.)$ et $\varepsilon^{-\gamma}\mathbb{1}_{\mathcal{O}\cap T_\varepsilon}\frac{\partial \overline{\overline{u_\varepsilon}}(\omega,.)}{\partial x_3}$ convergent faiblement dans $L^p(\mathcal{O},\mathbb{R}^3)$ vers $\bar{v}$ et $\frac{\partial \bar{v}}{\partial x_3}$, on peut considérer que pour ε petit, $\mathbb{1}_{\mathcal{O}\cap T_\varepsilon}\overline{\overline{u_\varepsilon}}(\omega,.)$ se comporte comme $\varepsilon^{\gamma}\bar{v}$.

D'autre part, les comportements limites dans les fibres et dans la matrice sont découplés et contrairement au modèle proposé par M. Frémond, notre modèle ne prend pas en compte les effets non-locaux auxquels on pourrait s'attendre.

PERSPECTIVES

Dans la continuité directe de notre travail de thèse, nous pouvons tenter de tester notre modèle dans le cas vectoriel et en grande déformation. De plus nous pourrons également les tester avec différents chargements et différentes rigidités en faisant varier les différentes puissances de ε.

Il nous faut également poursuivre notre travail du Chapitre 4 afin de trouver le problème limite. La difficulté vient de la non localité escomptée du problème limite En effet, si une des fibres subit une perturbation, cela influe sur une grande zone de la matrice, ceci rajouté à la répartition aléatoire des fibres rend ce problème très difficile. Une façon d'éviter ce problème est d'étudier le cas capacitaire, i.e., le cas où les fibres sont extrêmement fines et rigides. Dans ce cas, une perturbation des fibres engendre un stockage d'énergie localisée autour d'elle et donne lieu à une énergie capacitaire. Ce problème a été complétement traité par M. Bellieud dans le cas périodique, et en voix d'être résolu dans le cas aléatoire. Il serait alors intéressant de reprendre notre stratégie dans cette perspective, en commençant par fournir un modèle $2d$ non local capacitaire avant de l'intégrer en un modèle 3d.

Une autre étude qui serait une suite logique de notre travail, serait de considérer un déplacement $u \in L^p(\mathcal{O}, \mathbb{R}^3)$ dans la matrice et $u \in L^q(\mathcal{O}, \mathbb{R}^3)$ dans les fibres avec $p \neq q$ et de faire tendre $q \to 1$ou $p \to 1$ (voir par exemple [19] pour plus de détail sur la méthode). Cela nous permettrait par la suite de prédire d'éventuelles fractures dans les fibres (ou dans la matrice).

Pour avoir un modèle encore plus proche du comportement macroscopique du TexSol^{TM}, il ne faudrait pas privilégier une direction des fibres. Pour cela nous proposons deux pistes :

- définir un aléa supplémentaire correspondant à l'orientation d'une fibre dans la matrice et par conséquent définir un nouvel opérateur τ_z associé.
- définir comme aléa le fil lui-même, complexifiant ainsi la géométrie (en particulier la géométrie de la matrice) , et lui associer un système dynamique adéquate décrivant l'aléatoire.

BIBLIOGRAPHIE

[1] M. A. Ackoglu, U. Krengel. *Ergodic theorem for superadditive processes.* J. Reine Angew. Math **323** 53–67, 1981.

[2] H. Attouch. *Variational Convergence for Functions and Operators.* Applicable Mathematics Series. Pitman Advanced Publishing Program, 1985.

[3] H. Attouch, G. Buttazzo, G. Michaille. *Variational analysis in Sobolev and BV space : application to PDEs and Optimization.* MPS-SIAM Book Series on Optimization 6, December 2005.

[4] M. Bellieud *Torsion effect in the elastic composites with high contrast* SIAM J. Math Anal. Vol 41 (2010) no 6, 2514-2553.

[5] M. Bellieud, G. Bouchitté. *Homogenization of elliptic problems in a fiber reinforced structure. Nonlocal effect.* Ann. Scuola Norm. Sup. Pisa Cl. Sci.(4) **26** (1998), no 3, 407-436.

[6] M. Bellieud, G. Bouchitté. *Homogenization of a soft elastic material reinforced by fibers.* Asymptot. Anal. **32**, no 2 (2002), 153-183.

[7] A. Braides. *Gamma-convergence for Beginners* Book : Oxford University Press. (2002), Oxford.

[8] CAST3M. *http ://www-cast3m.cea.fr..*

[9] C. Castaing, M. Valadier. *Convex Analysis and measurable Multifunctions.* Lecture Notes in Math. **590**, Springer-Verlag, Berlin, 1977.

[10] E. Chabi, G. Michaille. *Ergodic Theory and Application to Nonconvex Homogenization.* Set valued Analysis **2** (1994), 117-134.

[11] E. Chabi, G. Michaille. *Random Dirichlet problem : scalar Darcy's law.* Potential Anal. **4** (1995), no. 2, 119-140.

[12] G. Dal Maso. *An introduction to Γ-convergence.* Birkäuser, Boston, 1993.

[13] G. Dal Maso, L. Modica. *Non Linear Stochastic Homo genization and Ergodic Theory.* J. Reine Angew. Math., **363** :27–43, 1986.

[14] E. De Giorgi, T. Franzoni *Su un tipo di convergenza variazionale.* Atti. Accad. Naz. Lincei Rend. Cl. Sci. Fis. Mat. Natur, 842-850, 1975

[15] M. Frémond. *Non-Smooth Thermo-mechanics.* Springer-Verlag, Berlin Heidelberg New York, 2002.

[16] A. Gloria et F. Otto. *An optimal variance estimate in stochastic homogenization of discrete elliptic equations* Ann. of Probab, 39 (2011), No 3, pp 779-856.

[17] A. Gloria et F. Otto. *An optimal error estimate in stochastic homogenization of discrete elliptic equations* Ann. of Probab, 22 (2012), No 1, pp 1-28.

[18] J.b Hiriart-Urruty. *Etude de quelques propriétés de la fonctionnelle moyenne et de l'inf- convolution continue en analyse convexe stochastique* C. R. Acad. Sci., Paris, Sér. A 280, 129-132 (1975).

[19] O. Iosifescu ; P. Juntharee ; C. Lichtet G. Michaille *A mathematical model for a pseudo-plastic welding joint* Anal. Appl. (Singap), 2009,7,243-267.

[20] D. Jeulin. *Random texture models for material structures* Statistics and Computing (2000) 10, 121-132.

[21] D. Jeulin. *Caractérisation morphologique et modèles de structures aléatoires* énéisation en mécanique des matériaux 1 (Book) (2001) 5, 94-132.

[22] U. Krengel. Ergodic Theorems. Studies in Mathematics. De Gruyter, Berlin ; New York Number **6**, 1985.

[23] R. Laniel, P. Alart, S. Pagano. *Consistent thermodynamic modelling of wire-reinforced geomaterials.* European Journal of Mechanics - A/Solids, vol 26, **5** (2007) 854 - 871.

[24] R. Laniel, P. Alart, S. Pagano. *Discrete element investigations of wire-reinforced geomaterial in a three-dimensional modeling.* Computational Mechanics, vol(42), **1** (2008) 67-76.

[25] C. Licht, G. Michaille. *Global-local subadditive ergodic theorems and application to homogenization in elasticity.* An. Math. Blaise Pascal **9** (2002) 21-62.

[26] C. Licht, G. Michaille. *A nonlocal energy functional in pseudo-plasticity.* Asymptotic Analysis, **45**, (2005), 313-339.

[27] G. Michaille, J. Michel. *The subadditive ergodic theorem and some random problems in mechanics.* Proceedings of the IV Catalan Days of Applied Mathematics (Tarragona, 1998), 139 ?149, Univ. Rovira Virgili, Tarragona, 1998.

[28] G. Michaille, J. Michel, L. Piccinini. *Large deviations estimates for epigraphical superadditive processes in stochastic homogenization.* Préprint N. 220, ENS Lyon (1998).

[29] Nguyen Xuan Xanh and Zessin Hans. *Ergodic theorems for spatial processes.* Probability Theory and Related Fields,(vol 48), 1979.

[30] J. Serra. *Image Analysis and Mathematical Morphology* Book : Academic Press, inc., 1983

[31] Valadier M. *Intégration de convexes fermés notamment d'épigraphes inf- convolution continue.* 28A99 (Classical measure theory) **1** (1970) 67-76.

Titre MATERIAUX ALÉATOIREMENT RENFORCÉS DE TYPE TEXSOL : MODÉLISATION VARIATIONNELLE PAR HOMOGÉNÉISATION STOCHASTIQUE.

Résumé: Notre but est de proposer un modèle mathématique d'un matériau composite aléatoirement renforcé de type TexSol^{TM} (un mélange sable-fil). Pour cela nous effectuons une étude asymptotique variationnelle afin d'obtenir une structure homogène et déterministe rendant compte du comportement mécanique de ce matériau. La stratégie de modélisation consiste à découper (suivant une direction x_3) un cube de TexSol^{TM} en fines plaques d'épaisseur $h(\varepsilon)$ dépendant d'un très petit paramètre $\varepsilon << 1$. Pour $h(\varepsilon)$ assez petit, nous supposerons que dans chaque plaque les fibres sont verticales. Notre problème initial est alors décomposé en n ($:=\frac{1}{h(\varepsilon)}$) modèles de type plaque donnant une formulation 2-dimensionnelle après passage à la limite. Le modèle obtenu est déterministe. Puis, en utilisant ce résultat pour chacune des plaques, on obtient ainsi une énergie discrète (suivant x_3), somme des n énergies 2-dimensionnelles homogènes et déterministes. Nous reconstruisons alors une structure 3D par une intégration variationnelle en x_3, i.e. en passant à la limite en n de manière variationnelle. L'énergie limite, homogène et déterministe ainsi obtenue est proposée comme un modèle du TexSol^{TM}. Nos différents résultats sont validés par une étude numérique.

Title TEXSOL-LIKE RANDOMLY REINFORCED MATERIALS : STOCHASTIC VARIATIONAL MODELING BY HOMOGENIZATION.

Abstract A mathematical model of a composite material randomly reinforced such as TexSol^{TM} (mixture of sand and wire) is proposed. For this study, a variational asymptotic analysis is performed in order to obtain a homogeneous deterministic structure taken into account the mechanical behavior of this material. The modeling strategy is to cut (in direction x_3) a cube of TexSol^{TM} into thin plates of thickness $h(\varepsilon)$ depending on a very small parameter $\varepsilon << 1$. When $h(\varepsilon)$ is small enough, we assume that each plate contains vertical fibers. Our 3D initial problem is decomposed into n ($:=\frac{1}{h(\varepsilon)}$) 2D layer type models giving 2-dimensional formulation after passage to the limit. The resulting model is deterministic. Then, using this result on each plate, we obtain a discrete energy (according to x_3), which is the sum of n 2-dimensional homogeneous and deterministic energies. We reconstruct a 3D structure by means of a variational integration respect to x_3, i.e. taking a variational limit on n. This obtained energy limit, homogeneous and deterministic, is thus proposed as a TexSol^{TM} model. Finally, the model is validated by a numerical study.

Mots-clés Modélisation variationnelle, homogénéisation de matériaux composites, analyse numérique, analyse asymptotique, problème non-local, Γ-convergence, théorie ergodique, processus sous additif.

FSC
www.fsc.org
MIX
Papier | Fördert
gute Waldnutzung
FSC® C083411

Zeitfracht Medien GmbH
Ferdinand-Jühlke-Straße 7
99095 Erfurt, Deutschland
produktsicherheit@kolibri360.de

Druck:
CPI Druckdienstleistungen GmbH
im Auftrag der
Zeitfracht Medien GmbH
Ein Unternehmen der Zeitfracht - Gruppe
Ferdinand-Jühlke-Str. 7
99095 Erfurt